Bodo Wollny

Alarmanlagen

Planung, Komponenten, Installation

Bodo Wollny

Alarmanlagen

Planung, Komponenten, Installation

Mit 108 Abbildungen und 4 Tabellen

4., neu bearbeitete Auflage

Pflaum

Die Deutsche Bibliothek – CIP-Einheitsaufnahme
Ein Titelsatz für diese Publikation ist bei der Deutschen Bibliothek erhältlich.

ISBN 3-7905-0903-5

© Copyright 2003 by Richard Pflaum Verlag GmbH & Co. KG
München • Bad Kissingen • Berlin • Düsseldorf • Heidelberg

Alle Rechte, insbesondere die der Übersetzung, des Nachdrucks, der Entnahme von Abbildungen, der Funksendung, der Wiedergabe auf fotomechanischem oder ähnlichem Wege und der Speicherung in Datenverarbeitungsanlagen, bleiben, auch bei nur auszugsweiser Verwertung, vorbehalten.
Die Wiedergabe von Gebrauchsnamen, Handelsnamen, Warenbezeichnungen usw. in diesem Werk berechtigt auch ohne besondere Kennzeichnung nicht zu der Annahme, dass solche Namen im Sinne der Warenzeichen- und Markenschutzgesetzgebung als frei zu betrachten wären und daher von jedermann benutzt werden dürften. Wir übernehmen auch keine Gewähr, dass die in diesem Buch enthaltenen Angaben frei von Patentrechten sind; durch diese Veröffentlichung wird weder stillschweigend noch sonst wie eine Lizenz auf etwa bestehende Patente gewährt.

Informationen über unser aktuelles Buchprogramm finden Sie im Internet unter: http://www.pflaum.de

Inhalt

1	**Warum und wofür Alarmanlagen?**	7
2	**Prüfinstitutionen für Sicherheitsprodukte**	10
3	**Absicherungsmöglichkeiten**	12
3.1	Außen- oder Vorfeldüberwachung	13
3.2	Außenhautsicherung	16
3.3	Innenraumsicherung	17
4	**Einsatzmöglichkeiten und Funktion der Melder**	18
4.1	Tretmatten und Druckschalter	18
4.2	Fadenzugschalter	20
4.3	Pendelkontakt	22
4.4	Geldscheinkontakt	22
4.5	Alarmdraht und Alarmfolien	23
4.6	Riegelschaltkontakt	25
4.7	Stösselkontakt	26
4.8	Magnetkontakt	28
4.9	Passiver Glasbruchmelder	31
4.10	Aktiver Glasbruchsensor	34
4.11	Akustikmelder	35
4.12	Passiv-Infrarot-Bewegungsmelder (IM)	36
4.13	Ultraschallmelder	39
4.14	Mikrowellenmelder	41
4.15	Kombinationsmelder	42
4.16	Lichtschranke	43
4.17	Lichtvorhang	44
4.18	Körperschallmelder	46
4.19	Kapazitive Feldänderungsmelder	48
4.20	Bildermelder	49
4.21	Vibrationskontakt	52
4.22	Alarmtuch	54
4.23	Room-Scanning-Melder – NY-Alarm	54
4.24	Sonderlösung Miniüberwachungssystem	56
4.25	Zusätzlicher Nutzen einer Sicherheitsanlage	57
5	**Alarmzentralen und Schalteinrichtungen**	59
5.1	Zentralen	59
5.2	Energieversorgung	67
5.3	Bedienteile	68
5.4	Riegelschaltschloss	69
5.5	Blockschloss	71
5.6	Motorblockschloss	74
5.7	Impulsschärfung	74

5.8	Türcodeeinrichtungen	76
5.9	Kartenleser	77
5.10	Schärfen mit Codic	77
5.11	Elektronischer Zylinder	83
6	**Alarmierungs-Einrichtungen**	**85**
6.1	Akustische Alarmierung	85
6.2	Optische Alarmierung	87
6.3	Automatische Wählgeräte	88
6.4	Funkalarmierung	90
6.5	Tag- oder Türalarmgeräte	90
7	**Vielfältige Einsatzmöglichkeiten für die Videotechnik im Personen- und Sachschutz**	**92**
7.1	Videokameras	94
7.2	Monitore	98
7.3	Farbvideotechnik	101
7.4	Objektive	102
7.5	Schutzgehäuse	105
7.6	Schwenk-Neigeköpfe und deren Steuerung	106
7.7	High-Speed-Dom	109
7.8	Vielfach-Bildschirmteiler	110
7.9	Videospeicher analog und digital	111
7.10	Umschalter	115
7.11	Beleuchtung	116
7.12	Kabel und Leitungen	117
7.13	Digitale Bildübertragungen in Telefonnetzen	118
8	**Nutzung des 230-V-Netzes für eine Alarmanlage**	**121**
9	**Verteiler**	**122**
10	**Leitungen und Verlegung**	**123**
11	**Planungs- und Anschlusshilfen**	**125**
Sachverzeichnis		**131**

Hinweis

Die Schaltungen in diesem Buch werden ohne Rücksicht auf die Patentlage mitgeteilt. Eine gewerbliche Nutzung darf nur mit Genehmigung des etwaigen Lizenzinhabers erfolgen.
Trotz aller Sorgfalt, mit der die Abbildungen und der Text dieses Buches erarbeitet und vervielfältigt wurden, lassen sich Fehler nicht völlig ausschließen. Es wird deshalb darauf hingewiesen, dass weder der Verlag noch der Autor eine Haftung oder Verantwortung für Folgen welcher Art auch immer übernimmt, die auf etwaige fehlerhafte Angaben zurückzuführen sind. Für die Mitteilung möglicherweise vorhandener Fehler sind Verlag und Autor dankbar.

Warum und wofür Alarmanlagen? 1

Obwohl in Deutschland alle drei Minuten ein Einbruch verübt wird, herrscht bei breiten Schichten der Bevölkerung die Meinung vor, dass bei ihnen nichts zu holen ist, und sie somit auch nichts zu schützen haben.
Dies stimmt nicht mit der Realität überein. Die drastisch steigende Einbruchskriminalität spricht für sich. Es geht heute nicht mehr um das große Geld; die meisten Einbrecher geben sich mit kleinen Erfolgen zufrieden. Ca. 85 % der Einbruchsdelikte werden von Gelegenheitseinbrechern verübt, die für Kleinstbeträge dieses Risiko auf sich nehmen. Aber gerade dieser Personenkreis ist es auch, der eine große Gefahr für das Eigentum des Otto Normalverbraucher darstellt. Vandalismus und Brutalität gefährden hier Leben und Sachwerte der Betroffenen. Wohl gibt es Versicherungen, die Vermögenswerte ersetzen, aber der Versicherungsschutz bei Fällen von Vandalismus wird nur mit einer teuren Zusatzprämie gewährt.
Versicherungen können nur den materiellen Schaden ersetzen. Aber was ist mit den ideellen Werten? Andenken, Bilder, Urlaubsfilme oder der ererbte Schmuck der Großmutter? Oftmals besteht kein großer Materialwert, aber diese Dinge sind unwiederbringlich!
Der Einsatz einer Alarmanlage bietet hier Schutz. Sie erkennt die Einbruchsabsicht, bevor der Täter sein Ziel erreicht. Eine Alarmanlage kann zwar niemals aktiv einen Einbruch verhindern, da der Einsatz von Selbstschutzanlagen, Giftgas, Hochspannungsdrähten etc. in Deutschland verboten ist. Die Tat wird aber so früh wie möglich bekannt gemacht. Eine sinnvoll und fachgerecht projektierte Einbruch-Meldeanlage bietet hier den größtmöglichen Schutz.
Nicht nur Leben und Sachwerte von Privatpersonen sollen hier angesprochen werden, sondern auch der vielfältige Einsatz im Gewerbe. Hier gilt es einmal, Gewerbebetriebe vor Einbrüchen zu schützen, die in diesem Bereich oftmals von fachlich spezialisierten Tätergruppen professionell durchgeführt werden, zum anderen kann aber auch im Produktionsablauf eines Betriebes eine Alarmanlage vor Schäden schützen. Defekte Maschinen, zerstörte Produktionsmittel, der Dieb-

1 Warum und wofür Alarmanlagen?

Bild 1 Alarmgeber: Sirenen, Blitzlampen, Wählgeräte und Hupen (Foto: eff-eff)

stahl von Spezialwerkzeugen und Sabotage legen unter Umständen den Produktionsablauf still. Gestohlene oder zerstörte Computeranlagen können die gesamte Logistik einer Firma lahmlegen.

Mechanische Sicherungen wie Gitter, durchbruchhemmendes Glas oder hohe Zaunanlagen können von dem Täter nur mit großem Zeitaufwand überwunden werden. Danach aber hat er genügend Zeit, alles zu durchsuchen oder zu zerstören.

Vernünftig geplante und ausgeführte Alarmanlagen melden jeden Einbruchsversuch. Gut durchdachte Alarmweiterleitungen bringen schnelle Hilfe bei Einbruch, Überfall oder Feuer, z. B. durch den Einsatz von Werkschutz oder Wach- und Sicherheitsdiensten, und gewährleisten somit eine sofortige Täterverfolgung. Sirenen, Blitzlampen oder Lichtanschaltungen dienen der örtlichen Alarmierung und Abschreckung des Täters.

Dieses Buch dient dazu, alle Komponenten und Geräte zur fachgerechten Errichtung einer Alarmanlage aufzuzeigen. Anhand der Beschreibungen sowie der Bilder und Zeichnungen sollen die vielfältigen Möglichkeiten der Konzeption einer Alarmanlage dargestellt werden. Da die optimale Wirkung einer Alarmanlage nur durch richtige Zusammenstellung der in Frage kommenden Bauteile erreicht werden kann, bestand bei der Zusammenstellung dieses Buches das Bedürfnis, alle wichtigen Geräte mit Vor- und Nachteilen so umfassend wie möglich zu beschreiben und firmenunabhängig kritisch die optimale Einsatzmöglichkeit zu bewerten.

2 Prüfinstitutionen für Sicherheitsprodukte

Früher gab es ausschließlich den VdS e.V. – Verband der Sachversicherer – mit Sitz in Köln. Diese Einrichtung, die ausschließlich von den deutschen Versicherungen getragen wurde, prüfte alle Sicherheitsbauteile, die Hersteller und die Errichterfirmen.
Seit einigen Jahren gibt es den VdS e.V. nicht mehr. An seiner Stelle ist die VdS GmbH getreten. Der VdS GmbH wurden vom Gesamtverband der deutschen Versicherungen die selben Aufgaben wie dem ehemaligen VdS e.V. übertragen. Allerdings hat sich die Versicherungslandschaft mittlerweile stark verändert. Nicht mehr alle großen deutschen Versicherungsgesellschaften gehören dem Verband an. Außerdem sind durch die Öffnung der Märkte ausländische Versicherungsgesellschaften im deutschen Markt tätig.
Mit der Marktöffnung wurden auch europäische Sicherheitsanbieter in Deutschland tätig. Da das einheitliche Europa auch einheitlichen Normen fordert, gelten neben den deutschen VdS-Vorgaben – die keinen Gesetzes-Charakter haben – die europäischen EN-Normen, die sehr stark an die DIN Normen angelehnt sind.
Ein weiteres Problem bei den VdS-Vorgaben und -Prüfungen sind die teilweise überzogenen und damit für die Prüfungen zeitaufwändigen Materialtests. Geräte mit gerade aktuellen VdS-Zulassungen sind von der Technik her bereits veraltet. Dies ist mittlerweile ein großes Problem, da die Technik zur Überwindung der Sicherheitsmaßnahmen immer schneller voranschreitet und ständig verfeinert wird.
Neben der VdS-Prüfung besteht für die Hersteller von Sicherheitsprodukten die Möglichkeit, die Geräte an jedem anderen europäischen Prüfinstitut nach den Vorgaben der EN-Normen zertifizieren zu lassen. In Deutschland sind neben der VdS GmbH auch der ESC e.V. – Europäische Sicherheits-Zertifizierungen – und der BHE mit Geräteprüfungen betraut.
Auch bei diesen Prüfeinrichtungen werden die Geräte in Sicherheitsklassen eingeteilt und entsprechend freigegeben.
Aufgrund der vielfältigen Möglichkeiten, die sich durch die Marktöffnung ergeben haben, sollte man sich vor dem Einsatz einer Sicherheitsanlage mit seiner Ver-

Bild 2 Alarmzentralenübersicht der Fa. eff-eff Fritz Fuß GmbH

sicherung beraten, ob und in welchem Umfang von dieser Seite mit einem finanziellen Entgegenkommen zu rechnen ist.
Polizeiliche Beratungsstellen bieten den Bürgern hersteller- und firmenunabhängige Beratungen an. Außerdem kann man in den Beratungsstellen eine Liste von fachlich anerkannten Sicherheitserrichtern aus der näheren Umgebung bekommen.
Die wichtigsten Kriterien für einen Sicherheitserrichter sind: 24-Stunden-Notdienst und -Rufbereitschaft, kostenlose Beratung, kostenlose Angebotserstellung, Referenzobjekte, kein Haustürgeschäft, geschulte Techniker, räumliche Nähe, Ersatzteillager zur schnellen Reparatur, bekannt bei Versicherungen und den Beratungsstellen etc.

3 Absicherungsmöglichkeiten

In der Einbruchmeldetechnik gibt es drei grundsätzlich verschiedene Arten der Absicherung. Da ist einmal die Außen- oder Vorfeldüberwachung. Bei dieser Überwachungsart soll der mögliche Täter schon erkannt werden, wenn er das Grundstück betritt.

Die nächste Absicherungsmöglichkeit wäre die so genannte Außenhautsicherung. Bei dieser Art der Sicherung werden alle Türen, Fenster, Luken und sonstige Gebäudeöffnungen auf Öffnen und Durchbruch überwacht. Bei einem sehr großen Sicherheitsrisiko müssen auch die Wände, die Decken und die Böden gesichert werden. Die Außenhautsicherung sollte zweckmäßigerweise für den privaten Be reich gewählt werden, da man die Alarmanlage auch schärfen kann, wenn sich noch jemand in dem Sicherungsbereich aufhält.

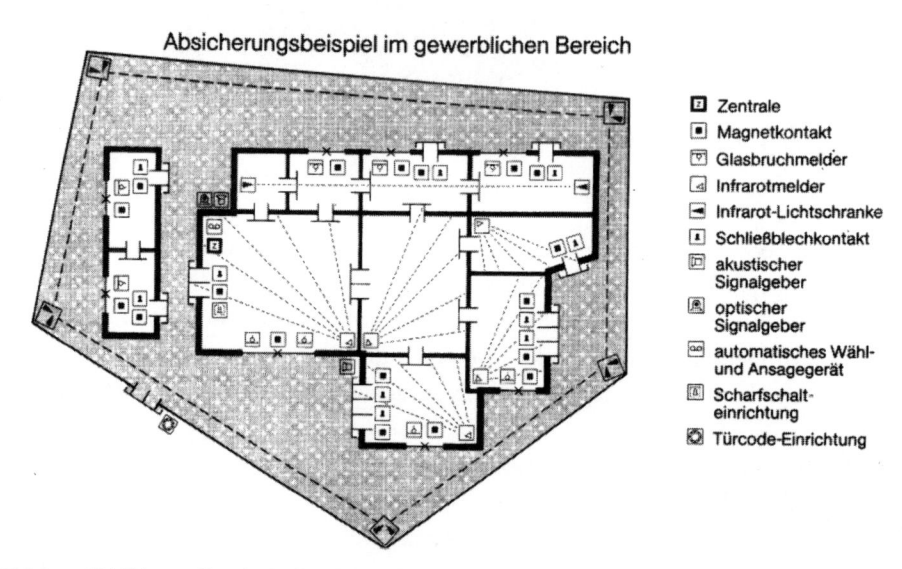

Bild 3.1 Abbildung aller drei Absicherungsmöglichkeiten mit den entsprechenden Normzeichen (Bild: Bosch)

Die Innenraumsicherung ist die dritte Absicherungsmöglichkeit. Hier werden die einzelnen Räume mittels Bewegungsmeldern, Trittmatten, Lichtschranken etc. abgesichert (*Bild 3.1*).
Natürlich können auch alle drei Absicherungsarten miteinander kombiniert werden. Bei jeder Alarmanlage müssen die Kosten in Relation zu dem zu sichernden Objekt stehen. Eine genaue Anlagenplanung ist daher zwingend erforderlich. Fachfirmen haben dafür geschulte Mitarbeiter, die eine zweckmäßige, zielsichere Projektierung gewährleisten und ein genaues Angebot erstellen können. Von den polizeilichen Beratungsstellen werden Unterlagen herausgegeben, in denen geprüfte Errichter aufgelistet sind.

3.1 Außen- oder Vorfeldüberwachung

Die Außen- oder Vorfeldüberwachung wird meistens im Gewerbe- oder Hochsicherungsbereich eingesetzt. Sie ist nur sinnvoll, wenn ein unbeabsichtiges Betreten des Grundstücks ganz unmöglich ist. Hohe Zäune, die zweckmäßigerweise auch Tiere vom Grundstück fernhalten, sind dafür bestens geeignet. Am häufigsten werden für diese Art der Absicherung Mikrowellen- oder Lichtschranken eingesetzt (*Bild 3.2*). Diese beiden Systeme sind aber fehlalarmanfällig, da sie durch starken Schneefall, Nebel, sich bewegende Äste, herumfliegendes Laub oder Kleintiere ausgelöst werden können. Eine andere Möglichkeit wäre die Überwachung mittels eines elektrischen Feldes. Dafür müssen rund um das zu überwachende Gebäude zwei Spezialkabel in ca. 1 m Abstand verlegt werden.

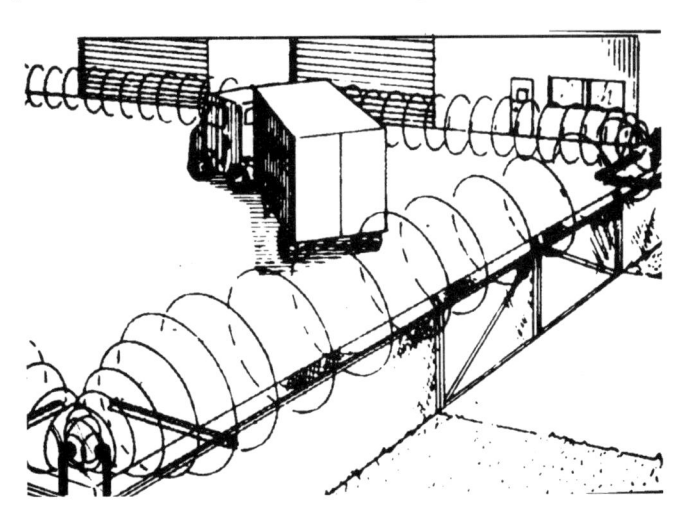

Bild 3.2 Absicherung eines Werkzaunes mit Mikrowellenmeldern (Bild: Pieper)

3 Absicherungsmöglichkeiten

Dieses System kann man so genau einstellen, dass nur Lebewesen, die größer als ein Kleinkind sind, einen Alarm auslösen. Eine andere, relativ neue Absicherung ist der Einsatz eines unterirdisch verlegten Lichtleiterkabels. Die Alarmauslösung erfolgt hier durch den Druck, den ein Mensch beim Betreten des oberhalb des Kabels liegenden Erdbodens ausübt. Bei diesem System muss der mögliche Täter gezwungen werden, den überwachten Bereich des Bodens zu betreten. Am besten eignet sich dazu ein Doppelzaun. Im Freiraum zwischen beiden Zäunen wird das Lichtleiterkabel dann in Schlangenlinien verlegt. Natürlich kann man den Zaun auch direkt überwachen. Hierfür gibt es verschiedene Systeme. Rüttelkontakte sollen jeden Übersteig- oder Durchschneideversuch melden. Bei dieser Absicherung können auch Wind, herabfallende Äste oder einfach nur spielende Kinder einen Alarm auslösen. Eine andere Möglichkeit wäre das Einflechten von dünnen, mehradrigen Kabeln in die Zaunmaschen. Sie sollen ein Durchschneiden des Zaunes melden (*Bild 3.3*). Soll der zu überwachende Zaun erst errichtet werden, bietet sich hier ein ganz neues Zaunüberwachungssystem an. Statt des herkömmlichen grünen Maschendrahtzaunes wird ein spezieller Maschendraht mit integriertem unsichtbarem Überwachungssystem eingesetzt. Spezielle Bodenanker verhindern ein Hochheben und Unterkriechen des Zaunes. Jede Zaunbeschädigung führt zu einem Alarm. Für einen Einbrecher ist es nicht erkennbar, ob solch ein Zaun alarmgesichert ist, da keine sichtbaren Installationen vorhanden sind. Das Übersteigen eines Zaunes kann durch Y-förmige Endstücke, die entweder mit Stacheldraht oder Spannband verbunden sind, verhindert werden. Diese V-förmigen Endstücke sind mit einem Gelenk versehen, welches bei einem bestimmten Gewicht das ganze Endstück nach vorne kippen lässt. Durch dieses Abknicken wird ein innen verlaufendes Kabel durchtrennt und dadurch ein Alarm ausgelöst.

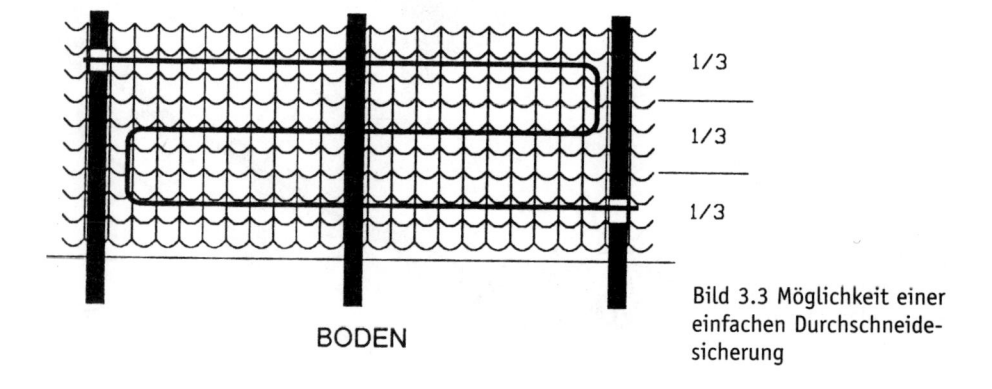

Bild 3.3 Möglichkeit einer einfachen Durchschneidesicherung

3.1 Außen- oder Vorfeldüberwachung

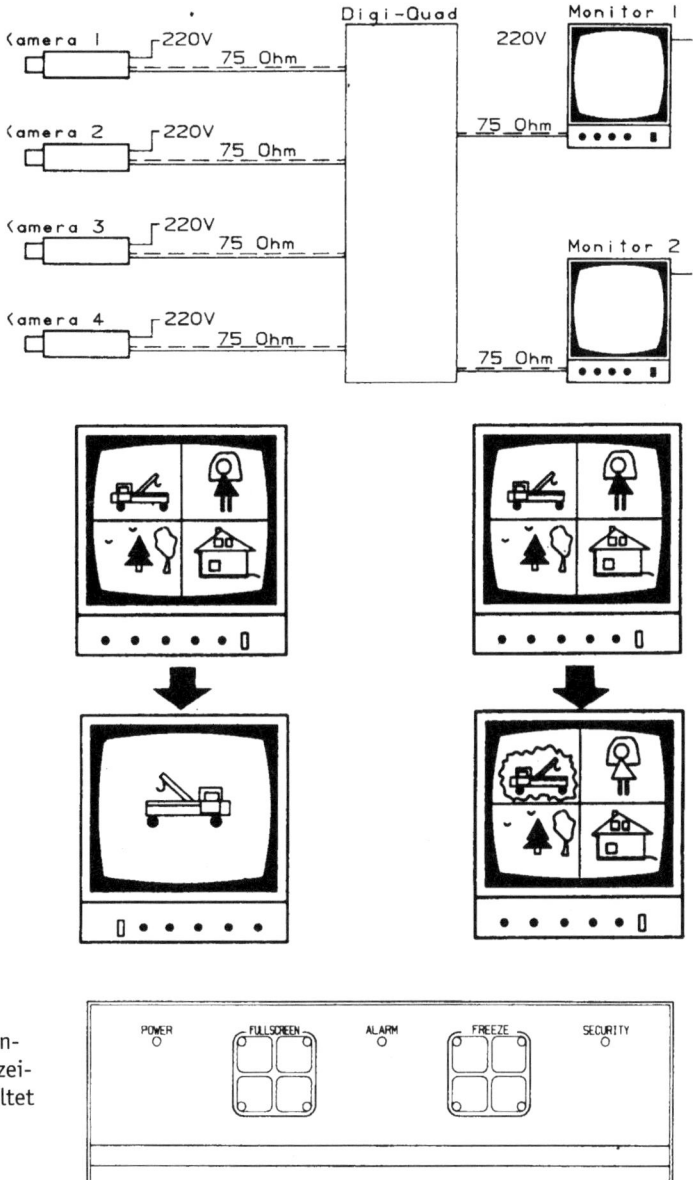

Bild 3.4 Durch den Teiler können vier Kamerabilder gleichzeitig auf einen Monitor geschaltet werden (Bild: Videotronic)

Man kann seinen Zaun oder das Vorgelände auch mit Videokameras überwachen. Langzeitrekorder ermöglichen eine ständige Kontrolle und Protokollierung. Über Videoalarmsensoren können Bewegungen in dem zu überwachenden Bereich akustische oder optische Alarme auslösen.

Mit einem speziellen Zusatzgerät sind auch mehrere Kamerabilder gleichzeitig auf einem Monitor sichtbar zu machen. Dadurch erhöht sich die Aufnahmekapazität des Wachhabenden (*Bild 3.4*).

3.2 Außenhautsicherung

Bei einer Außenhautsicherung wird die Öffnungsüberwachung meistens mit Magnetkontakten realisiert. Glasbruchmelder werden zur Durchbruchsicherung der Scheibe eingesetzt. Bei der Überwachung von Schiebetüren oder Drehfenstern kommen so genannte Stösselkontakte zum Einsatz, mit denen man neben der Öffnungsüberwachung auch gleichzeitig die Spannungsversorgung der Glasbruchmelder realisiert. Vibrationskontakte müssen bei Butzenscheiben, Glasbausteinen, Holz- oder Steinwänden die Durchbruchsicherung übernehmen. Sowohl die Glasbruchmelder als auch die Vibrationsmelder sollten auf piezoelektrischer Basis arbeiten (*Bild 3.5*).
Zur Sicherung von Türen und Wänden auf Durchbruch kann man auch Alarmdrahttapeten, Körperschallmelder, Alarmfolien oder extrem dünne Alarmdraht-

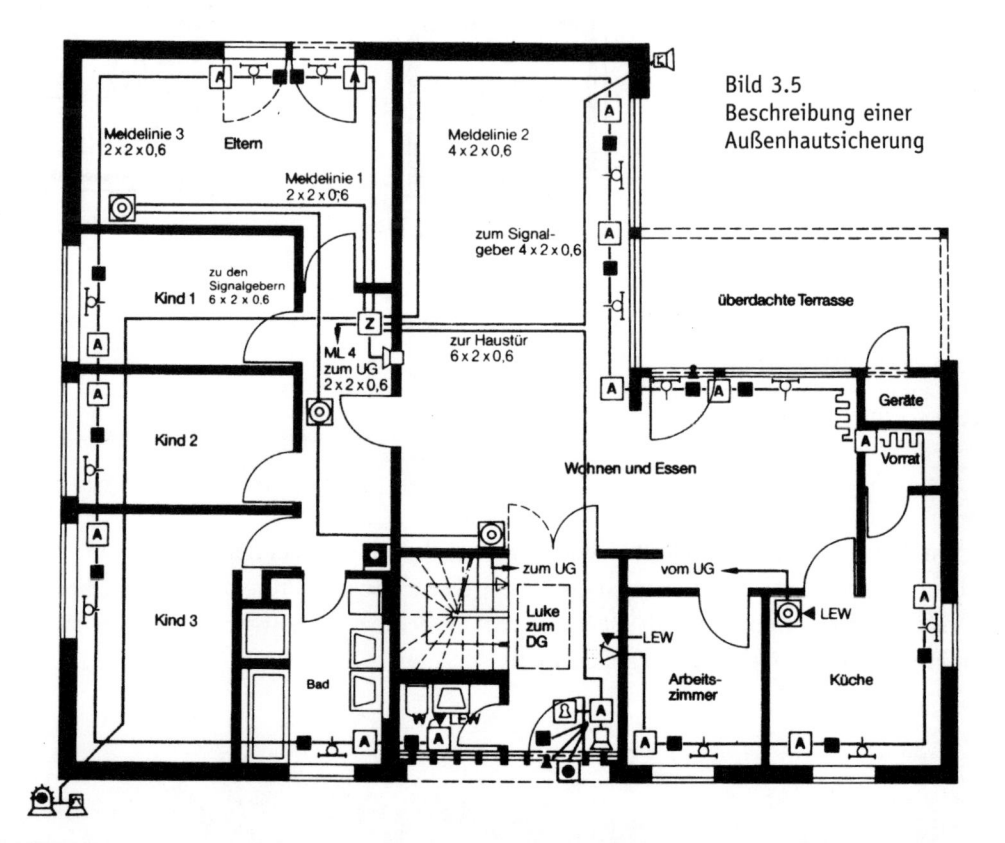

Bild 3.5 Beschreibung einer Außenhautsicherung

bespannungen einsetzen. Alle in diesem Kapitel aufgeführten Überwachungsmittel müssen fest mit der zu überwachenden Fläche verbunden sein.
Eine relativ neue Durchbruchüberwachung für Wände, Decken und Böden ist eine Matte, ähnlich einer Baustahlmatte, bestehend aus zusammengeflochtenen Lichtleiterkabeln. Sie wird in Wände, Decken oder Böden eingegossen.

3.3 Innenraumsicherung

Bei der Innenraumsicherung werden Bewegungsmelder, Lichtschranken, Trittmatten etc. als Fallen in Fluren oder Gängen installiert. Besonders gefährdete Räume sind mit einem zusätzlichen Melder zu versehen. Je nach Art der Räume und der vorher zu ermittelnden, möglichen Störquellen kann man zwischen Passiv-Infrarotmeldern, Ultraschall- oder Mikrowellenmeldern wählen. Für problematische Raumüberwachungen gibt es die so genannten Kombimelder. Eine ausschließliche Überwachung mit Bewegungsmeldern ist nur als Abwesenheits-Sicherung anzusehen. Die Alarmanlage darf erst scharfgeschaltet werden, wenn alle Personen das Gebäude verlassen haben. Zweckmäßig ist diese Art der Überwachung nur in Gewerbebetrieben. Hierbei ist unbedingt zu beachten, dass alle Außentüren mit einer Öffnungs- und Verschlussüberwachung versehen werden müssen (Bild 3.6).

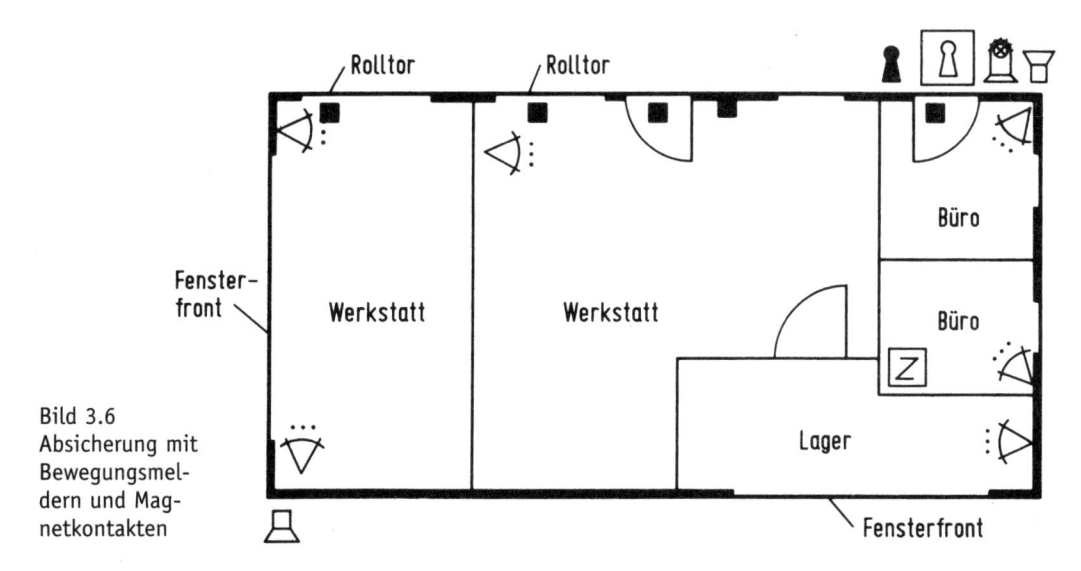

Bild 3.6 Absicherung mit Bewegungsmeldern und Magnetkontakten

4 Einsatzmöglichkeiten und Funktion der Melder

Dieses Kapitel soll anhand von Funktionsbeschreibungen und Einsatzmöglichkeiten die Auswahl und Handhabung der einzelnen Melder erleichtern. Laien und Fachleute erhalten hier Anregungen zur sinnvollen Gebäude- und Personenüberwachung. Laien können nach einem genauen Studium dieses Kapitels die Planung und die Montage der ausführenden Firma überwachen.

4.1 Tretmatten und Druckschalter

In der Alarmanlagentechnik kommen Tretmatten und Druckschalter (auch als Fußkontaktschiene oder Überfall-Tretleiste bezeichnet) nicht häufig zum Einsatz. Da die Druckschalter während eines Überfalls vom Bedienpersonal leicht auslösbar sein müssen, sollte man sie an eine verdeckte, aber trotzdem leicht zugängliche Stelle montieren. Einsatzbereiche sind z. B. Banken und der Empfangsbereich großer Firmen. Für die Montage bietet sich besonders der Fußraum unter einem Schreibtisch oder eine Schalteranlage an (*Bild 4.1*). Sinnvoll ist dort die Montage

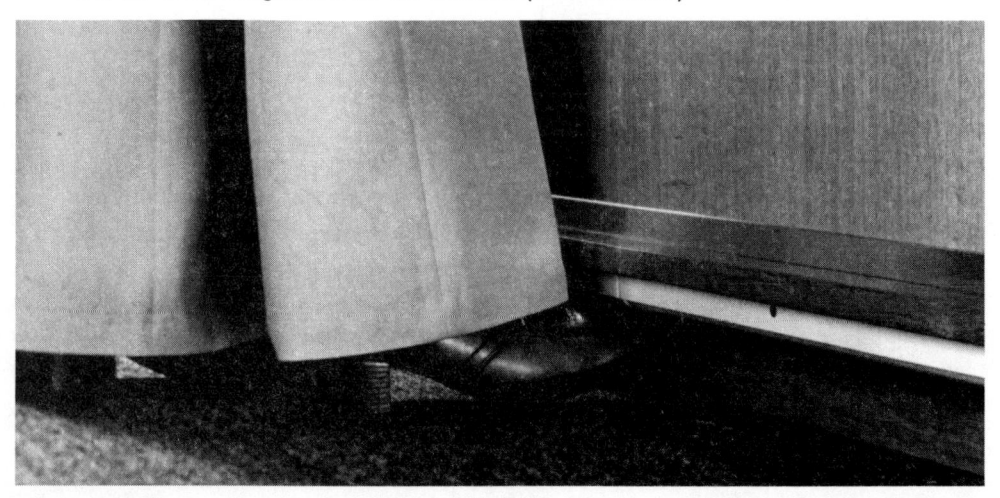

Bild 4.1 Einsatzmöglichkeit für die Tretleiste (Bild: Arrowhed)

Bild 4.2 Überfalltaster im einfachen Metallgehäuse mit roter Drucktaste (Bild: eff-eff)

entweder auf dem Boden oder in Kniehöhe. Bei der Bodenmontage erfolgt die Alarmierung durch einen Fußdruck von unten nach oben; ein versehentliches Betreten der Leiste löst keinen Alarm aus. Wird die Kontaktleiste in Kniehöhe unter den Schreibtisch montiert, genügt ein leichter Druck mit demKnie, um den Alarm auszulösen.

Für die Aktivierung eines Überfallalarmes in Wohnhäusern kann man die so genannten Überfalltaster einsetzen. Es gibt sie als einfache Ausführung in einem Metallgehäuse mit rotem Druckknopf (*Bild 4.2*). Bessere Ausführungen ähneln dem normalen Schalterprogramm der Firma Busch-Jäger (*Bild 4.3*). Statt der Schalterwippe haben sie eine rote Papierschablone, die im Alarmfall durchstoßen werden muß. Diese Schalter, die in den Farben Braun und Hellbeige lieferbar sind, sollte man aber nicht in die Nähe von normalen Lichtschaltern setzen, da dort die Gefahr des Falschalarmes zu groß wäre. Im Privatbereich sind Haustüren, Schlafzimmer und Flure sinnvolle Einsatzorte.

Bild 4.3 Überfalltaster mit Papierschablone

Tritt- oder Tretmatten muß man völlig unsichtbar einbauen, da sie sonst umgangen werden können. Vorzugsweise kann man solche Matten unter Teppichen oder Läufern verstecken. Beim Kauf muß man wissen, welche Abmessungen die Trittmatte, die auf Rollen oder als Platten angeboten wird, maximal haben darf.
Die Materialstärke beträgt 2,5 mm. In feuchten Räumen oder im Außenbereich muss man wasserdichte Matten verwenden.
Tretmatten und Deckmaterial dürfen nicht verrutschen. Bei Teppichböden können beide Komponenten miteinander verklebt werden. Teppichläufer befestigt man mit End- oder Treppenleisten. Beim Einbau der Matten ist es sehr wichtig, dass das Anschlusskabel unsichtbar bleibt.
Beide Alarmierungsmittel arbeiten geräuschlos. Sie können über ein Wählgerät einen Sicherheitsdienst aktivieren oder in einem Wachraum einen Summer auslösen.

Normbezeichnung:	Überfallmelder
Kurzzeichen:	ÜT
Symbol:	◎

4.2 Fadenzugschalter

Fadenzugschalter finden bei der Absicherung von Dachkuppeln, Ventilatoröffnungen, Wandöffnungen und als Stolperfallen Anwendung. Man sollte nur Geräte verwenden, die sowohl auf Zug als auch auf Seilbruch reagieren.
Bei der Montage muss man sicherstellen, dass die Umlenkrollen und das Meldergehäuse von außen nicht erreichbar sind. Damit ein Durchhängen des Zugdrahtes verhindert wird, darf er, laut VdS, bei einer maximalen Länge von 5 m nur zweimal umgelenkt werden. Nur ein richtig gespannter Draht garantiert bei Be- oder Entlastung eine sofortige Alarmierung. Das Meldergehäuse und die Umlenkrollen dürfen sich nicht im Kuppelschacht befinden, sondern müssen an die Decke neben den Schaft montiert werden (*Bild 4.4*). Die Abstände zwischen den umgelenkten Drähten dürfen nicht größer als 20 cm sein. Ist unter diesen Voraussetzungen eine komplette Absicherung der Öffnung nicht zu erreichen, müssen zwei oder mehrere Fadenzugschalter eingesetzt werden. Zur richtigen Montage benötigt man für jeden Zugschalter eine Spannvorrichtung, damit man ein Durchhängen des Drahtes verhindern kann. Da unser Melder eine Auslösefunktion bei Be- und Entlastung hat, ist das Verschieben und das Durchschneiden der Zugdrähte überwacht.

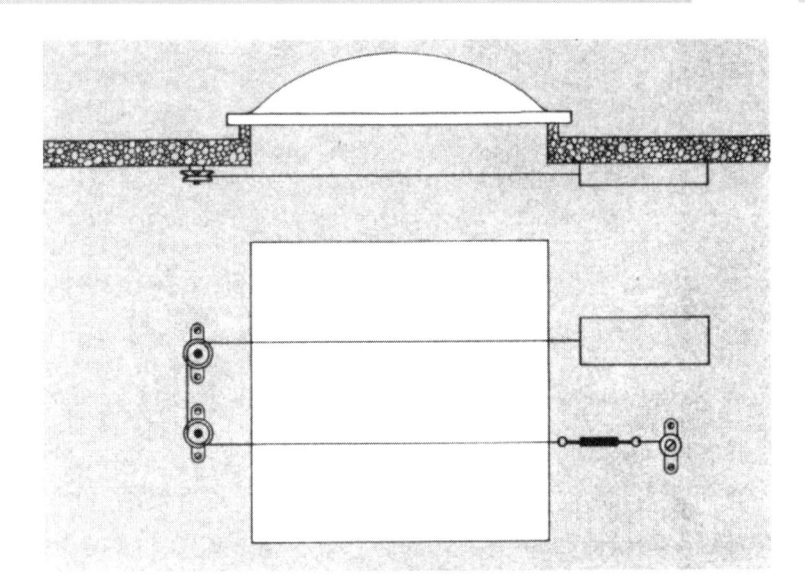

4.2 Fadenzugschalter

Bild 4.4 Einbaubeispiel für eine Dachkuppelsicherung (Bild: Bosch)

Für den Einbau dieses Melders muss man sich viel Zeit nehmen, da der Schaltkontakt nur einen sehr kleinen Schaltweg hat. Ein großer Nachteil dieses Melders sind die offen liegenden Schaltkontakte. Damit die Kontaktflächen nicht zu stark oxidieren, müssen sie in regelmäßigen Abständen gesäubert werden. Geschieht das nicht, wird durch die Oxidationsschicht der Schaltkontakt im Alarmfall funktionsunfähig. Die Anlage ist wirkungslos.

Der Fadenzugmelder ist eine billige, aber in Hinsicht auf die Montage eine sehr zeitaufwändige Art der Absicherung.

Der Einsatz eines Bewegungsmelders ist optisch ansprechender, und seine Montage erfordert weniger Zeit. Einen Bewegungsmelder sollte man nicht zur Absicherung innerhalb von Kuppelschächten oder Lüfteröffnungen einsetzen. Durch die geringe räumliche Abmessung in einem Kuppelschacht wird der Bewegungsmelder überempfindlich und kann schon bei größeren Insekten einen Alarm auslösen. Denken Sie daran, dass Insekten immer zum Licht fliegen. Bei Lüfteröffnungen muss man mit Zugluft rechnen. Wenn die Lüfteröffnung nicht mit einer Sturmsicheren Außenblende versehen ist, können die so entstehenden Luftwirbel zu einem Fehlalarm fuhren.

Normbezeichnung:	Fadenzugkontakt
Kurzzeichen:	FK
Symbol:	 ⟶⊣

4.3 Pendelkontakt

Pendelkontakte wurden in den Anfängen der Alarmtechnik sehr häufig eingesetzt, sind heutzutage aber nur noch bei wenigen Herstellern im Angebot. Die Pendelkontakte haben genau wie die Fadenzugschalter das Problem der oxidationsanfälligen Schaltkontakte.

Die Montage dieser Melder ist nur außerhalb des Handbereiches erlaubt. Der Handbereich wird bis zu einer Höhe von drei Metern, ausgehend vom begehbaren Boden, gerechnet. Der Pendelkontakt wurde zur Überwachung von Figuren, Vitrinen oder anderen Gegenständen eingesetzt, bei welchen jede Bewegung zur Auslösung eines Alarms führen sollte.

Heute ist der Einsatz des Pendelkontaktes nur noch in Ausnahmefällen sinnvoll. Die einstellbaren Haltefedern garantieren keine fehlerfreie Funktion im Sinne der galtenden Richtlinien. Wurde die Feder zu locker eingestellt, löste der Kontakt bei jeder kleineren Erschütterung (z. B. Überschallknall von Flugzeugen oder Erschütterungen durch Schwerlastverkehr) einen Alarm aus. Stellte man die Feder zu straff ein, konnte es passieren, dass der Kontakt überhaupt nicht ansprach.

```
Normbezeichnung:   Pendelkontakt
Kurzzeichen:       nicht genormt
Symbol:            ↓
```

4.4 Geldscheinkontakt

Geldscheinkontakte werden, wie der Name schon sagt, zur Überwachung von Papiergeld eingesetzt. Einen solchen Kontakt kann man praktisch in jedes Geldausgabefach einbauen. Häufig wird er in Geschäften mit hohem Überfallsrisiko verwendet (z. B. in Banken, Spielhallen, Videotheken, Tankstellen usw.). Die Bauform der optoelektronischen Ausführung hat den Vorteil, dass das Empfangsteil die Lichtfrequenz des Senders überprüft. Sobald der Empfänger außer der gepulsten Lichtfrequenz zusätzliches Fremdlicht empfängt, löst er einen Alarm aus. Da der Geldscheinkontakt durch Fremdlicht ausgelöst wird, muss immer ein Geldschein in dem Fach liegen bleiben. Bei einem Überfall haben die Kassierer die Anweisung, das ganze Geld sofort herauszugeben. Bei Entnahme des letzten Geldscheins wird der Alarm ausgelöst.

Bei diesen Kontakten kann man zwischen Sofortalarm und zeitverzögertem Alarm wählen. Bei Anschluss mehrerer Kontakte auf einer Meldelinie sollten Kontakte mit LED-Einzelidentifizierung eingebaut werden. Die Geldscheinkontakte müssen rund um die Uhr den Alarm weiterschalten können. Dies sollte aber nur ein stiller Alarm sein. Bei einem lauten Sirenengeheul bestünde die Gefahr, dass der Räuber, der ja eventuell mit einer Schusswaffe die Geldausgabe verlangt hat, in Panik gerät und von ihr Gebrauch macht.

```
Normbezeichnung:   Geldscheinkontakt
Kurzzeichen:       nicht genormt
Symbol:            nicht genormt
```

4.5 Alarmdraht und Alarmfolien

Alarmdrähte und Alarmfolien finden meistens zur Durchbruchüberwachung von Fenstern, Wänden und Türen Verwendung. Es gilt hier, zwei Überwachungsarten zu unterscheiden: die Überwachung gegen Durchstieg und die Überwachung gegen Durchgriff (z. B. mit einer Angel).
Bei der Überwachung gegen Durchstieg darf der maximale Abstand der Draht- und Folienstreifen voneinander einen Meter betragen, der Abstand zum Rand höchstens 10 cm.
Bei der Überwachung gegen Durchgriff ist ein maximaler Abstand zwischen den Draht- und Folienstreifen von 20 cm, ein Abstand zum Rand von höchstens 5 cm einzuhalten.
Die Alarmfolien bestehen aus einer dünnen Metallfolie, die ungefähr die Breite und Stärke eines Tonbandes hat. Eingesetzt werden sie meistens zur Überwachung von Schaufensterscheiben und Ausstellungsvitrinen.
Beim Anbringen der Folienstreifen ist eine saubere und ordentliche Verarbeitung höchstes Gebot, denn die Ausführung ist von jedermann einzusehen. Zum Kleben gibt es einen speziellen Klarlack. Sollte die hauchdünne Folie einmal reißen, muss man den ganzen Arbeitsvorgang wiederholen, da das Anflicken der Folie verboten ist. Das Versiegeln der Folienstreifen ist der letzte Arbeitsvorgang. Diese letzte Lackschicht dient dem Schutz gegen scharfe Putzmittel. Spezielle Folienanschlussklemmen sorgen für die Weiterverdrahtung an eine Alarmzentrale. Diese Art der Glassicherung ist relativ kostengünstig; ihre Montage kann aber wegen der dünnen Folie sehr zeitaufwendig und nervtötend sein.

4 Einsatzmöglichkeiten und Funktion der Melder

Seit einiger Zeit gibt es Kunststoff-Folien mit eingegossenem Alarmdraht, die nachträglich in einem speziellen Verfahren auf die Scheibe geklebt werden. Diese Folie meldet nicht nur den Glasbruch, sie verhindert auch den Scherbenflug und zum Teil den Durchbruch der Scheibe bei Anschlägen mit Brand- oder Sprengsätzen. Geschäftsplünderungen sind durch den Einsatz dieser Folien nicht mehr ohne weiteres möglich.

Scheibengläser mit eingegossenen Alarmdrähten sind heute auch keine Seltenheit. Einige Hersteller bieten Scheiben mit parallel verlaufenden Drahtfäden, andere mit einer Drahtspinne an. Die Drahtspinne liegt meistens in der unteren Ecke des Fensters und ist nur bei genauer Betrachtung zu erkennen (*Bild 4.5*).

Alarmdrähte dienen auch der Überwachung von Holztüren, Wänden, Decken und sonstigen Flächen (z. B. Schränken). Für die Montage eignen sich nur trockene Flächen. Ein Entfernen der Drähte darf ohne deren Zerstörung nicht möglich sein.

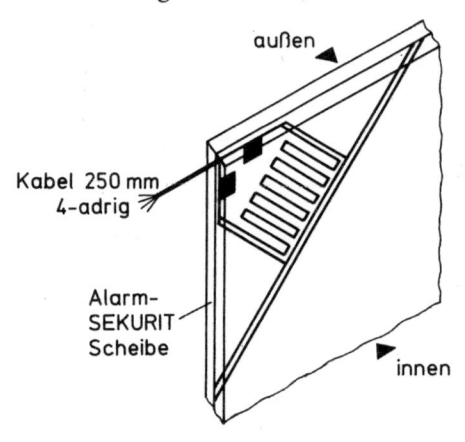

Gegen ungewolltes Beschädigen sollte man die zu überwachenden Flächen mit einer Holzplatte oder ähnlichem schützen. Die Spanndrähte (z. B. YV-Draht l x 0,5 mm Durchmesser) werden in einem Abstand von 5 cm auf einen festen Untergrund geklebt. Zur Wandflächen-Ü berwachung gibt es eine spezielle Alarmdrahttapete. Auch bei dieser muß ein Entfernen zur Zerstörung der Überwachungsfäden führen.

Bild 4.5 Die eingegossene Drahtspinne meldet jeden Glasbruch (Bild: Flachglas)

Alarmdrähte und -folien sollten in der Alarmzentrale in eine eigene Meldergruppe zusammengefasst werden. Wenn die Möglichkeit besteht, sollte man diese Meldergruppe 24 Stunden pro Tag scharfschalten.

Alle hier beschriebenen Glasbruchsicherungen haben eine VdS-Nummer. Bei der Planung einer Anlage muss man das Sicherheitsbedürfnis und die entsprechende Sicherungsart abwägen.

Normbezeichnung:	Flächenschutz
Kurzzeichen:	FÜ
Symbol:	 ⊓⊔⊓⊔

4.6 Riegelschaltkontakt

Der VdS schreibt vor, dass alle Außentüren neben der Öffnungsüberwachung auch mit einer Verschlussüberwachung zu versehen sind, um so sicherzustellen, dass die Außentüren nicht nur ins Schloss fallen, sondern abgeschlossen werden müssen. Dafür wird ein Mikroschalter mit entsprechendem Haltebügel in den Türrahmen eingesetzt. Beim Verschließen der Tür drückt der Schlossriegel den Hebel des Mikroschalters aus seiner Ruhestellung. Dadurch wird der Schaltkontakt des Mikroschalters betätigt. Bei Schlössern, die zwei- oder mehrfach geschlossen werden können, darf der Schlossriegel den Mikroschalter erst nach der letzten Schließung betätigen.

Alarmanlagenzentralen, die dem VdS-Gewerbe entsprechen, haben eine besondere Meldelinie (ML) für die Riegelschaltkontakte, die nicht mit einem Abschlusswiderstand versehen werden muss. Bei Zentralen, die dem Hausratsrisiko entsprechen, ist der Riegelschaltkontakt mit in die normale ML einzubeziehen. Der Einbau der Kontakte ist nur bei Türen erlaubt, deren Schloss von außen nicht schließbar ist, damit ein unbeabsichtigtes Betreten von vornherein unmöglich ist. In der Blockschlosstür muss der Riegelschaltkontakt zum Schalten der Spulenspannung eingesetzt werden.

Bevor man Riegelschaltkontakte kauft, sollte man sich die zu sichernden Türen und vor allen Dingen die Rahmen ansehen. Bei manchen Türrahmen ist es unmöglich, solche Schalter einzusetzen, z. B. wenn der Rahmen direkt auf einen dicken Stahlträger geschweißt ist oder keinen Hohlraum hat. Bei Holzrahmen kann man den Platz für den Kontakt relativ leicht mit einem Bohrer ausfräsen. Vorher ist aber die Rahmenbreite auszumessen, damit der Kontakt nicht zu breit bestellt wird. Bei Metallrahmen muss der zu nutzende Hohlraum ausgemessen werden.

Zur Montage wird das Schließblech abgeschraubt und der Kontakt in Höhe der mittleren Befestigungsschraube des Schließbleches in den Rahmen eingesetzt. Zur Feststellung der richtigen Einbauhöhe muss man das Türschloss bei geöffneter Tür abschließen, dann die Tür so weit schließen, bis der vorstehende Schlossriegel an dem Türrahmen anliegt. Danach kann man die richtige Einbauhöhe ganz einfach mit einem Bleistift am Rahmen markieren. Bei Riegelschaltkontakten mit einem langen dünnen Metallschalthebel braucht man nicht so genau auf die richtige Positionierung zu achten, da die Metallfahne für jede gewünschte Schaltstellung zurechtgebogen werden kann. Bei so genannten Nottüren muss man ganz besonders aufpassen, da diese Türen andere Schließungen haben. Solche Schlösser besitzen keinen separaten, rechteckigen Schließbolzen. Der Verschluss erfolgt mittels quadratischer Bolzen, die ober- und unterhalb des Schnappriegels in den

Türrahmen schließen. Bedingt durch diese Bauweise ist nur eine einmalige Schließung möglich. Will man ein solches Türschloss auf Verschluss überwachen, muss man die kleinen Flächen der Vierkantbolzen genau treffen, damit der Riegelschalter durch den Verschlussbolzen und nicht durch den Türschnapper betätigt wird. Denn durch die einmalige Schließung sind Türschnapper und Verschlussbolzen gleich lang. Wenn man bei solchen Schlössern nicht auf diese Besonderheit achtet, kann es passieren, dass der Riegelschalter schon durch den Türschnapper betätigt wird, obwohl die Tür noch nicht abgeschlossen wurde.

Bei Metallrahmen, die zur Wetterseite liegen, oder Rahmen, die einer Schwitzwasserbildung unterliegen, sollte man nur Riegelschaltkontakte mit festem Anschlusskabel und der Bezeichnung IP 67 verwenden. Um eine Dejustierung durch Erschütterung der Kontakte im Türrahmen zu vermeiden, ist es zweckmäßig, die Kontaktgehäuse mit Silikon einzugießen.

Wie bei allen Alarmanlagenkomponenten sollte man auch hier auf die VdS-Nummer achten.

Bitte denken Sie daran, dass die Riegelschaltkontakte nur für die Linienspannung von 12 V ausgelegt sind. Man darf damit keine Lampen oder größere Verbraucher schalten.

```
Normbezeichnung:   Schließblechkontakt
Kurzzeichen:       SK
Symbol:            ⚷
```

4.7 Stösselkontakt

Stösselkontakte werden in der Literatur auch häufig als Übergangskontakte bezeichnet. Es gibt sie in zwei- und vierpoliger Ausführung. Diese Kontakte sind entwickelt worden, damit auch bewegliche Teile wie z. B. Hebe-, Drehtüren, Schiebetüren und Dachdrehfenster ohne Schleppkabel in das Leitungsnetz der Einbruch-Meldeanlage integriert werden können.

Da bei einer VdS-Verdrahtung die Z- oder Vieraderverdrahtung vorgeschrieben ist, werden hauptsächlich die vierpoligen Stösselkontakte eingesetzt (*Bild 4.6*).

Diese Kontakte gibt es als Aufbau- und Einbaukontakte. Beim Kauf solcher Kontakte sollte man darauf achten, dass die Kontaktflächen eine kugelartige Form haben. Diese Bauform erlaubt gleichermaßen ein vertikales, als auch ein horizonta-

4.7 Stösselkontakt

Rechts:
Bild 4.6 VdS-gemäße Verdrahtung an einem vierpoligen Stösselkontakt (Bild: Bosch)

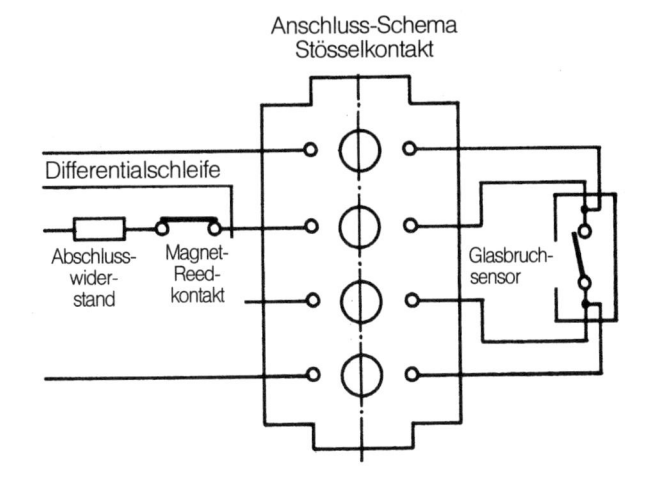

Unten:
Bild 4.7 Einbaumöglichkeit an einer Schiebetür (Bild: Bosch)

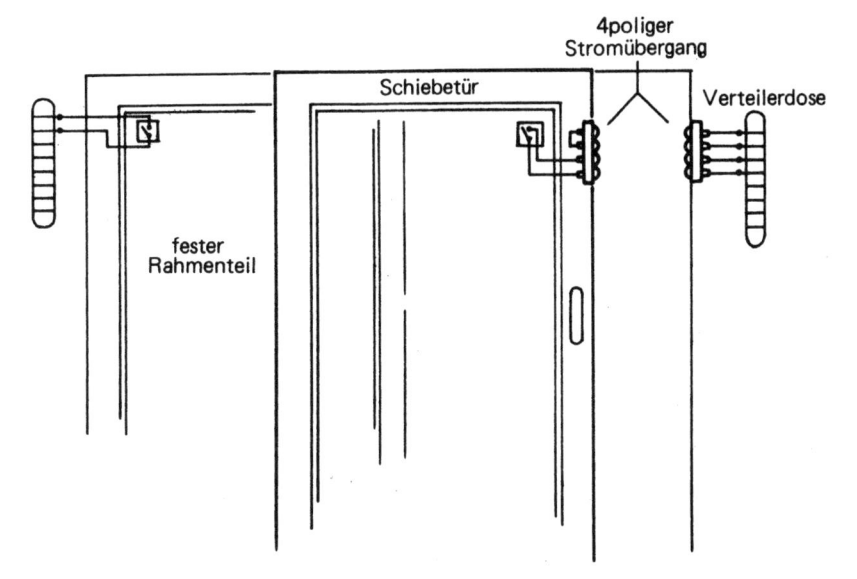

les Zusammenführen der Kontaktstifte (z. B. bei Schiebetüren können die Kontakte an die Stoßleiste oder an die obere Laufleiste montiert werden). Da die Kontakte eine offenliegende Kontaktfläche haben, sollte man sie immer in den oberen Teil von Fenstern oder Türen einbauen. Nur dort sind sie einigermaßen gegen übermäßige Verschmutzung geschützt (*Bild 4.7*).

Bei der Planung eines Neubaus kann die Fensterfirma die Kontakte versenkt einbauen. Bei Holzfenstern ist ein nachträglicher versenkter Einbau unter Umständen auch möglich. Bei Dachfenstern (Velux) kann man diese Kontakte zur Leitungsnetzübertragung für den Glasbruchsensor ebenfalls einsetzen. Dafür benötigt man einen Einlass- und einen Aufbaukontakt. Der Einlasskontakt wird in den beweglichen Drehflügel in der unteren Fensterleiste eingelassen; den Aufbaukontakt montiert man auf den Rahmen. Diese Leitungsnetzübertragung für den Glasbruchsensor ist in der Montage zwar sehr zeitaufwendig und auch teurer als ein Kabelübergang. Die Einbauweise sieht aber viel besser aus. Ein Kabel müsste bei den Dachfenstern so lang ausfallen, dass die gesamte Drehung des Fensters überbrückt werden könnte.

Die wichtigste Voraussetzung für den Einbau der Stösselkontakte ist die mechanische Stabilität der Türen und Fenster. Sie müssen im geschlossenen Zustand arretiefbar sein und dürfen auch bei Erschütterungen kein seitliches Spiel haben. Der Leitungsweg darf erst bei der Arretierung geschlossen werden.

Da die Kontaktflächen offen liegen, muss man häufiger den Kontakt auf Oxidation überprüfen und gegebenenfalls die Oberfläche reinigen.

```
Normbezeichnung:   Öffnungskontakt
Kurzzeichen:       ÖK
Symbol:            ●
```

4.8 Magnetkontakt

Der am häufigsten benutzte Alarmkontakt in der Sicherheitstechnik ist der Magnetkontakt. Je nach Größe der Bauform ist er geeignet, Türen, Fenster, Luken, Tore oder Deckel auf Öffnen zu überwachen. Der Magnetkontakt wird je nach Einsatzgebiet auch als Magnetreedkontakt, Blockreedkontakt oder Torkontakt bezeichnet.

Unabhängig von den verschiedenen Bezeichnungen bestehen alle Magnetkontakte aus einem staub- und wasserdichten Glasröhrchen und einem Permanentmagneten. In das Glasröhrchen sind zwei Metallfahnen eingebaut. Eine der Fahnen ist feststehend, die zweite mit einem Ende beweglich angebracht (*Bild 4.8*).

Sind beide Metallfahnen von einem Magnetfeld durchflossen, wird die bewegliche Fahne durch die Magnetkraft auf den feststehenden Kontakt gezogen. Wird das Magnetfeld entfernt, schwingt die bewegliche Fahne wieder in ihre Ausgangsstellung zurück.

Soll z. B. ein Fenster gegen unbefugtes Öffnen gesichert werden, ist der Dauermagnet am Fensterflügel und der Reedkontakt am Fensterrahmen zu befestigen. Laut VdS braucht die Kippstellung eines Fensters in einem Wohnhaus nicht zu

4.8 Magnetkontakt

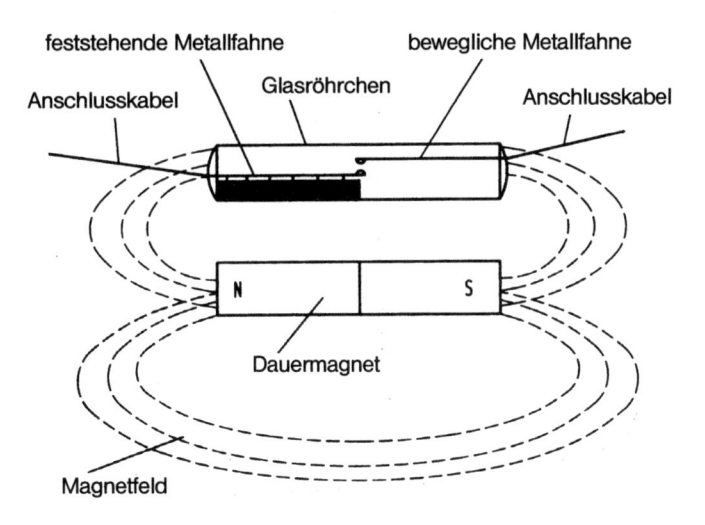

Bild 4.8 Aufbau des Reedkontaktes

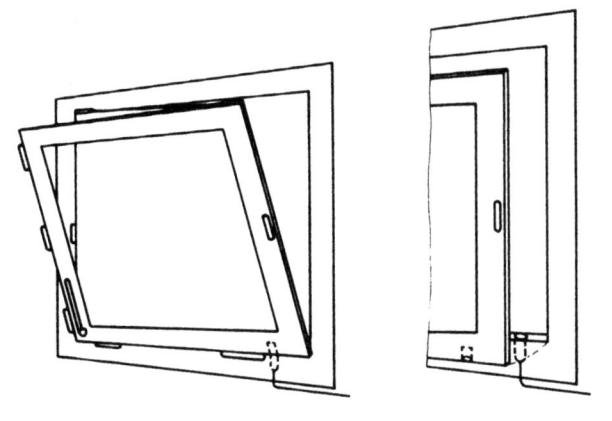

Beschriftungen: feststehende Metallfahne, bewegliche Metallfahne, Anschlusskabel, Glasröhrchen, Anschlusskabel, Dauermagnet (N S), Magnetfeld

Bild 4.9 Der Kontakt wird nur bei seitlich geöffnetem, nicht bei gekipptem Fenster unterbrochen (Bild: Bosch)

Bei gekipptem Fenster bleibt der Kontakt geschlossen: kein Alarm

Bei seitlich geöffnetem Fenster wird der Kontakt unterbrochen: Alarm!

einer Alarmauslösung führen. Erst die Öffnung des Fensters muss den Schaltkontakt auslösen. Bewegungen bis zu 1 cm dürfen den Schaltkontakt nicht öffnen (*Bild 4.9*).

Wird die Alarmanlage für einen Gewerbebetrieb geplant, ist darauf zu achten, dass in diesem Fall schon die Kippstellung des Fensters zur Alarmauslösung führen muss. Die Materialien der zu sichernden Gebäudeteile müssen bei der Planung auch berücksichtigt werden. Bei Holzfenstern besteht die Möglichkeit, die Kontakte versenkt einzubauen. Für einen solchen Anwendungsfall sollte man sich so genannte Rundreedkontakte beschaffen. Jede der Markenfirmen bietet solche Kontakte an. Für die Kontakte muss in Fensterrahmen und Fensterflügel ein entsprechend tiefes Loch gebohrt werden. Vorsicht: Den Reedkontakt darf man nicht mit Gewalt in das Bohrloch drücken, da sonst das Glasröhrchen zerspringt! Für das fest vergossene Anschlusskabel ist mit einem extra langen 4-mm-Bohrer so tief zu bohren, dass man das Kabel nach unten, zur Seite oder nach oben, z. B. in den Rollokasten, weiterverlegen kann. Diese zeitaufwändige Art des Einbaus erfordert große Sorgfalt bei der Durchführung, hat jedoch den Vorteil, dass von den Magnetkontakten hinterher nichts mehr zu sehen ist. Der maximale Abstand zwischen Magnet und Reedkontakt darf bei geschlossenem Fenster 2 mm nicht überschreiten.

Eine andere Installationsmöglichkeit ist das Befestigen von Kontakt und Magnet mittels je eines Gehäuses auf dem Rahmen und dem Fensterflügel. Bei Kunststoff-Fenstern muss man darauf achten, dass die Befestigungsschrauben nicht bis an den Metallkern eingedreht werden, da sonst das Magnetfeld des Dauermagneten in kurzer Zeit zu stark abgebaut wird. Die Folge wäre eine mangelhafte Funktion des Kontaktes. Bei Metallfenstern oder Metalltüren wird der bedeutend stärkere Blockreedkontakt eingesetzt.

Zur Sicherung von schweren Toren ist es ratsam, wetterfeste Kontakte im Aluminiumgehäuse zu verwenden, deren Anschlusskabel durch einen 1 m langen Metallschlauch geschützt sind. Diese speziellen Magnetkontakte finden überall dort Anwendung, wo starke mechanische Beanspruchungen erwartet werden (z. B. Werkstattbetriebe, industrielle Fertigungen etc.). Ein weiterer Vorteil dieses aluminiumgeschützten und überfahrsicheren Reedkontaktes besteht darin, dass er auch am Fußboden montiert werden kann. Bei einer Torbreite von mehr als 1,5 Metern müssen laut VdS zwei Magnetkontakte eingesetzt werden.

Faustregel für die Montage eines Magnetkontaktes:

Je kleiner die Bauform des Magnetkontaktes ist, um so geringer muss der Luftspalt zwischen Magnet und Reedkontakt sein. Wird dies nicht beachtet, kann es passieren, dass der Magnet zu schwach ist, um den Reedkontakt auf Dauer zu schließen. Geringfügige Erschütterungen durch Wind oder Straßenverkehr können dann ein kurzzeitiges Öffnen des Kontaktes bewirken und einen Fehlalarm auslösen.

Wie bei allen anderen Geräten in der Einbruchmeldetechnik, sollte man darauf achten, dass die Magnetkontakte eine VdS-Nummer haben. Nur diese Prüfnummer garantiert eine genau aufeinander abgestimmte Komponentenauswahl. In Verbindung mit dem sachgerechten Einbau ist eine Kontinuität in der Funktion

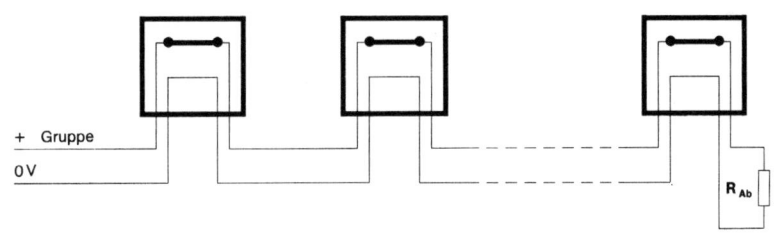

Bild 4.10 Nach VdS hat jeder Magnetkontakt eine vieradrige Zuleitung
(Bild: eff-eff)

gewährleistet. Die VdS-zugelassenen Kontakte sind zusätzlich mit einem Überbrückungsschutz versehen. Sie haben vier gleichfarbige nicht zu unterscheidende Adern als Zuleitung und sind für Ruhestromlinien mit Endwiderstand und Differentialschaltung vorgesehen. Somit wird ein Überbrücken des Kontaktes gemeldet (*Bild 4.10*).
Die Magnetkontakte aller Bauformen und Größen gibt es in den Farben Grau, Weiß und Dunkelbraun.

Normbezeichnung:	Magnetkontakt
Kurzzeichen:	MK
Symbol:	■

4.9 Passiver Glasbruchmelder

Dieses relativ kleine Bauteil eignet sich zur Durchbruchüberwachung von planen Glasscheiben (*Bild 4.11*). Die bei einem Glasbruch auftretenden Frequenzen mit ihren sehr steilen Amplituden werden von einem Piezokristall aufgenommen und elektronisch ausgewertet. Die eingebaute LED dient der Einzelidentifizierung und ist werksseitig angeschlossen. An eine Meldelinie darf man maximal 20 Sensoren in Z-Verdrahtung anschließen (*Bild 4.12*).
Die meisten Glasbruchmelder haben eine Überwachungsdiagonale von 1,5 m. Bei Glasbruchmeldern der neueren Generation sind es bis zu 2 m. Der VdS erlaubt den Einsatz passiver Glasbruchmelder nur für Hausratsrisiken und Kleingewerbe. Nach den neuen VdS-Richtlinien wären das die Klassen A und B (*Bild 4.13*).
Bei dem Einsatz von passiven Glasbruchmeldern sind einige Dinge zu beachten. Die Melder dürfen nur für normale Doppelverglasung (kein Verbundsicherheits-

Links:
Bild 4.11 Passiver Glasbruchmelder für einfache Risiken (Bild: eff-eff)

Unten:
Bild 4.12 Anschluss-Schema der Glasbruchmelder in VdS-Verdrahtung (Bild: Bosch)

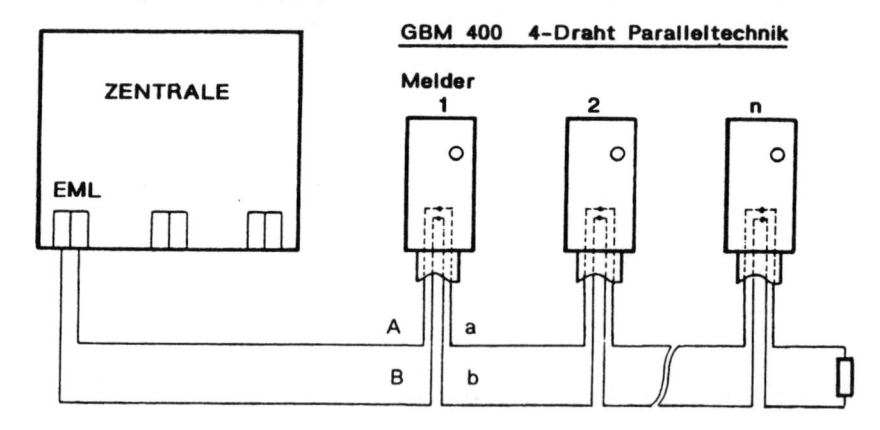

glas) eingesetzt werden, wenn diese Fläche nicht mit Folie (z. B. Lichtschutzfolie, Werbung oder Splitterschutzfolie) beklebt ist. Bei Einscheibenverglasung darf man den Melder nur außerhalb des Handbereiches (mindestens 3 m über dem begehbaren Erdboden) befestigen. Für einen passiven Glasbruchmelder ist nur die Klebung auf planen Oberflächen mit dem dafür vorgeschriebenen Kleber erlaubt. Bei einer eventuellen Lösung des Klebers muss der Melder sichtbar herunterhängen. Wenn man seine Glasbruchmelder mit dem vorgeschriebenen Kleber auf der Fensterscheibe angebracht hat, sitzen sie zuverlässig fest. Diese sichere Klebung wird natürlich zu einem Problem, wenn man einen defekten Melder auswechseln muss. Sollte dieser Fall tatsächlich einmal eintreten, darf man den Melder nicht mit einem festen Schlag von der Scheibe lösen, da es ohne weiteres passieren kann, dass diese dabei zerspringt. Sicherer ist es, wenn man den Melder mit einem Fön erhitzt und dann mittels einer Rasierklinge und eines kleinen Hammers vom Glas löst.

4.9 Passiver Glasbruchmelder

Bild 4.13 Der Überwachungsradius der meisten Glasbruchmelder beträgt 1,5 m (Bild: eff-eff)

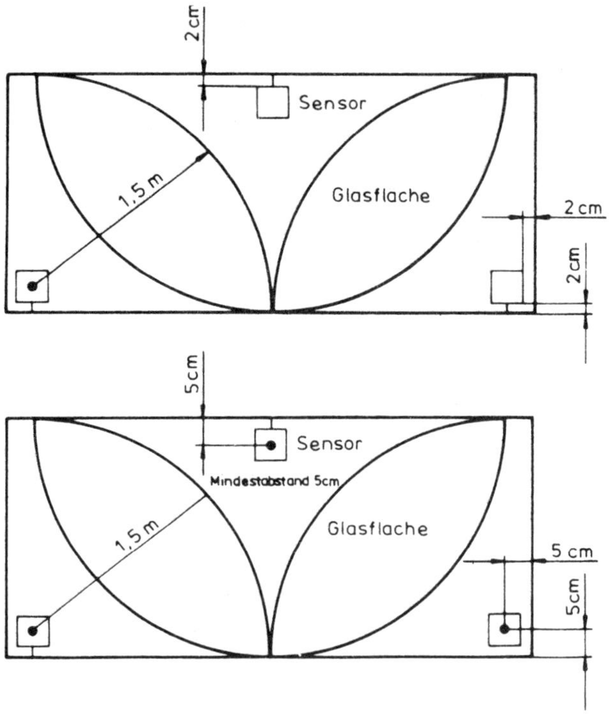

Bei den älteren Meldern muss der Abstand zum Rahmen mindestens 5 cm betragen. Die neueren Melder können mit der Kabelseite direkt an den Rahmen montiert werden. Dadurch besteht die Möglichkeit, das Kabel nahezu unsichtbar mit einem Kabelübergang auf den feststehenden Teil des Rahmens zu verlegen (*Bild 4.14*). Beschädigte oder lockere Scheiben sind nicht zur Montage von Glasbruchmeldern geeignet. Zur Funktionsprüfung gibt es ein entsprechendes Prüfgerät. Zur Not reicht auch ein Metallplättchen (z. B. eine Zwei-Euro-Münze), das man gegen die überwachte Scheibe prallen lässt. VdS-Glasbruchmelder werden über die Meldelinie mit Spannung versorgt. Sollen Öffnungskontakte mit angeschlossen werden, darf ein Ansprechen dieser Melder die Spannungsversorgung der Glasbruchmelder nicht unterbrechen. Die Speicherung der Einzelidentifizierung muss erhalten bleiben.

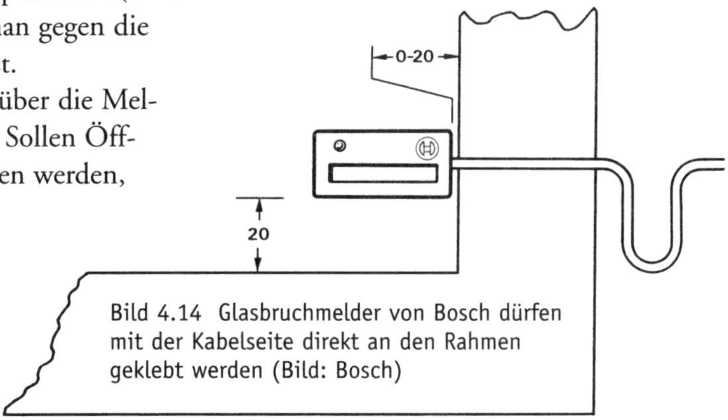

Bild 4.14 Glasbruchmelder von Bosch dürfen mit der Kabelseite direkt an den Rahmen geklebt werden (Bild: Bosch)

Normbezeichnung:	Glasbruchmelder
Kurzzeichen:	GM
Symbol:	⌁

4.10 Aktiver Glasbruchsensor

Im Gegensatz zu der passiven Glasbruchüberwachung kontrolliert der aktive Glasbruchmelder die Scheibe ständig auf Veränderungen. Schon das Bekleben mit einer Werbefolie wird registriert und zur Anzeige gebracht, da solche Folien den Überwachungsbereich sehr stark einschränken. Durch das relativ große Gehäuse und einen Verkaufspreis von ca. ¤ 250.– sind die aktiven Glasbruchmelder meistens im Gewerbe oder im Hochsicherungsbereich zu finden (*Bild 4.15*).

Bild 4.15 Aktive Glasbruchmelder sind erheblich größer als passive (Bild: eff-eff)

Aktive Glasbruchsensoren eignen sich nicht nur zur Überwachung von Doppelglasscheiben, sondern auch für Einscheiben-Sicherheitsglas, Drahtglas, Gussglas und Flachglas. Der VdS erlaubt sogar eine Montage dieser Glasbruchsensoren auf Einscheibenglas innerhalb des Handbereiches. Der Überwachungsradius dieser Melder beträgt ca. 4 m und die zu überwachende Fläche ca. 50 m^2. Ist wegen der Scheibengröße der Einsatz mehrerer Glasbruchsensoren erforderlich, müssen diese für Synchronisationsbetrieb ausgelegt sein, da es sonst zu Überlagerungen und Störungen kommen kann. Diese Einschränkung ist durch die Arbeitsweise des aktiven Glasbruchsensors bedingt. Der aktive Glasbruchsensor hat zwei unterschiedliche Mess-Systeme, die in einer UND-Funktion verknüpft sind. Mess-System 1 sendet mehrmals pro Sekunde Schwingungen im Ultraschallbereich auf die Scheibe und vergleicht die Reflexionen mit den abgespeicherten Daten. Wird die Glasscheibe zerstört, stimmen die Reflexionen nicht mehr mit den gespeicherten Daten überein. Dieses Ereignis wird in einem Speicher abgelegt. Erst wenn das zweite Mess-System mit seiner Glasfrequenzauswertung den Glasbruch zur selben Zeit registriert, wird der Alarm zur Zentrale weitergegeben. Bei der Aktivierung nur eines Mess-Systems speichert der Melder dieses als Voralarm ab. Dieser Alarm wird nach einer gewissen Speicherzeit wieder gelöscht. Mögliche Störeinflüsse wären z. B. das Aufkleben einer Reklamefolie, ein Überschallknall oder ein umfallendes Fahrrad, das gegen die Scheibe schlägt.

Bei der Projektierung muss man sich das Glas und die Rahmen sehr genau ansehen. Metallrahmen können die Ultraschall-Schwingungen auf die angrenzenden Scheiben übertragen und somit Fehlmessungen verursachen. In diesem Fall muss man auf synchronisierte Glasbruchsensoren zurückgreifen. Diese Sensoren arbeiten mit unterschiedlichen Frequenzen. Hinweistabellen und Diagramme der einzelnen Hersteller erleichtern die Projektierung. Zur richtigen Funktionskontrolle der aktiven Glasbruchsensoren gibt es ein spezielles Einstellgerät, das unbedingt benutzt werden muss. Beim Ankleben der Melder dürfen keine Lufteinschlüsse auf der Klebefläche verbleiben. Den aufgetragenen Kleber sollte man möglichst dünn verteilen, damit der Melder schnell haftet und die Dämpfung durch die Klebeschicht möglichst gering ist. Bitte nur den vom Hersteller empfohlenen Kleber benutzen. Zum einfachen Kleben und Justieren der Melder gibt es Klebeschablonen. Mehrere Saugköpfe verhindern ein Abrutschen des Melders und garantieren einen gleichmäßigen Anpressdruck.

```
Normbezeichnung:   Glasbruchmelder
Kurzzeichen:       GM
Symbol:            ⏚
```

4.11 Akustikmelder

Dieser Melder, der auch als Dual-Akustikmelder bezeichnet wird, ist ein spezieller Glasbruchdetektor. Sein Einsatzort ist nicht die Scheibe, die er überwachen soll. Man kann ihn an der Decke oder an der Wand befestigen. Er kommt überall dort zum Einsatz, wo Scheibenmelder unerwünscht oder unmöglich sind.

Man kann den Akustikmelder mit einem Richtmikrofon vergleichen. Er registriert die nieder- und hochfrequenten Tonanteile während des Glasbruches und wertet sie aus. Zur Alarmauslösung müssen die Frequenzen in der richtigen Reihenfolge auftreten. Stufe eins ist der steile Amplitudenanstieg während des Glasbruches, Stufe zwei das Aufschlagen der herunterfallenden Glasscherben auf den Boden mit einer etwas abgeschwächten Amplitude. Nur wenn die beiden Kriterien – erst Glasbruch und dann Aufprallen der Scherben – erfüllt werden, löst der Melder einen Alarm aus. Störquellen wie Verkehrslärm, Telefonklingeln oder Pfeifen filtert die Melderelektronik aus und unterdrückt damit einen Fehlalarm. Der Melder hat einen Überwachungsbereich von ca. 15 m². Wenn ein Teppichboden oder Teppiche direkt vor der überwachten Scheibe liegen, kann der Melder nicht eingesetzt werden. Der Bodenbelag würde das Geräusch der aufprallenden Scherben zu stark dämpfen, dadurch dem Melder das zweite Auslösekriterium wegnehmen und einen Alarm verhindern.

```
Normbezeichnung:   Akustikmelder
Kurzzeichen:       nicht genormt
Symbol:            nicht genormt
```

4.12 Passiv-Infrarot-Bewegungsmelder (IM)

Der IM verfügt wie jeder andere Bewegungsmelder über einen dreidimensionalen Überwachungsbereich. Er reagiert auf jede Art von Wärmebewegung. Aus diesem Grund darf der IM nicht an jedem beliebigen Ort montiert werden. Direkte Sonneneinstrahlung, Zugluft, thermostatgesteuerte Heizungen, Heizlüfter, Heizungskamine, selbstständig einschaltende Glühlampen, bewegliche Werbeschilder, Fußbodenheizungen oder Haustiere können zu Fehlalarmen führen.
Wenn man diese Einschränkungen beachtet oder auf ein Minimum reduziert, kann der Melder fast überall eingesetzt werden. Er ist einmal ziemlich einfach zu installieren und zum anderen relativ preiswert (*Bild 4.16*). Für einen IM ist der Montageort so auszuwählen, dass die mögliche Bewegungsrichtung quer zum Melder erfolgen muss. Bei Bedarf können mehrere IM in einem Raum montiert werden. Sie beeinflussen sich nicht gegenseitig. IM gibt es in drei verschiedenen Ausführungen.
Der am meisten benutzte IM ist der Flächenmelder. Sein Überwachungsbereich kann je nach Ausführung zwischen 80° und 180° betragen. Eine andere Variante ist der Streckenmelder. Bei einem Überwachungswinkel von ca. 2° kann er Stre-

4.12 Passiv-Infrarot-Bewegungsmelder (IM)

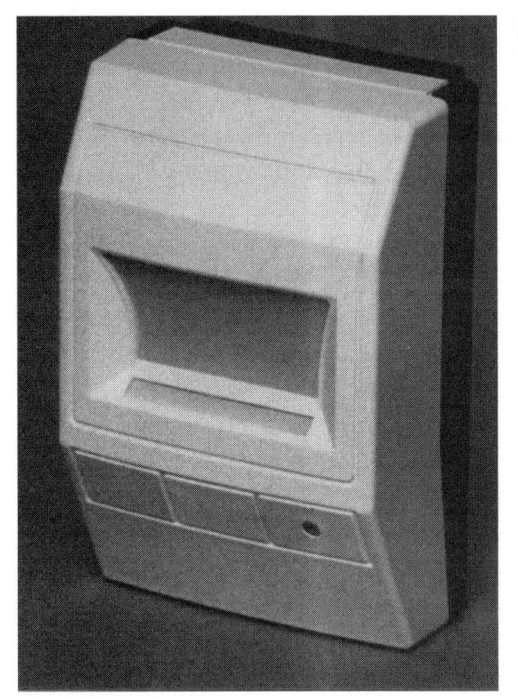

Bild 4.16 Unterschiedliche Bauformen von Bewegungsmeldern (Bilder: eff-eff und Arrowhead)

cken von 25 m bis 60 m überwachen. Den Flächen- oder Streckenmelder gibt es auch mit einem so genannten Untergreifschutz. Hier zeigt ein Überwachungsbereich fast senkrecht nach unten. Wird ein solcher IM über einer Tür montiert, kann er nicht nur den Raum, sondern auch schon den Türbereich überwachen. Die dritte Variante ist der Vorhangmelder. Seinen Überwachungsbereich kann man am besten mit einem Fenstervorhang (Gardine) vergleichen. Dieser IM wird meistens zur Überwachung von Fensterfronten (z. B. in Wintergärten oder bei Butzenscheiben) verwendet. Es ist auch möglich, einen so genannten Deckenmelder einzusetzen. Dieser Melder hat einen Überwachungsbereich von 360°.

Der IM muss unbedingt erschütterungsfrei montiert werden. In der Nähe von Bahnlinien oder stark befahrenen Straßen darf man diese Geräte nur auf festen Innenwänden installieren.

Auch bei IM sollte man auf die VdS-Nummer achten. Die IM haben ein Differenzierglied, welches kurze Störungen ausfiltert. Jeder VdS-Melder hat zur Funktionskontrolle eine so genannte Gehtest-Leuchtdiode. Sie kann zur Einstellung des Meldebereiches benutzt werden. Im Gewerbebereich muss die Gehtest-Leuchtdiode im Normalbetrieb abgeschaltet sein. Bei einer Alarmauslösung wird die gleiche Leuchtdiode zur Erstalarmkennung herangezogen. Nach dem Unscharfschalten der Alarmanlage leuchtet die Diode an demjenigen IM, der den Alarm ausgelöst hat. Die oben beschriebenen Melder sind alle für den Inneneinsatz zur Aufschaltung an eine Alarmanlage geeignet. Natürlich gibt es auch IM für den Außeneinsatz. Solche Außenmelder dürfen aber niemals an eine Alarmanlage angeschlossen werden, da bei Außenüberwachungen Tiere, Fahrzeuge, sich bewegende Äste oder Sträucher einen Fehlalarm auslösen können. Mit Außenmeldern sollte man höchstens die Beleuchtung einschalten.

Da die IM nicht auf jede kleine Wärmebewegung reagieren sollen, beträgt die Ansprechempfindlichkeit ca. 2 cm bis 7 cm pro Sekunde. Der Temperaturunterschied zwischen der Wärmebewegung und der Raumtemperatur muss dabei mindestens 2 °C betragen.

Die zuletzt genannte Einschränkung muss man bei der Absicherung von ständig oder manchmal überhitzten Räumen genau beachten, wie bei Schwimmbad, Sauna, Küche oder Dachboden. In solchen Räumen können leicht Temperaturen über 30 °C erreicht werden. Da der menschliche Körper normalerweise eine Körpertemperatur um 36 °C hat, reagieren die IM ganz träge oder überhaupt nicht. In solchen Fällen ist man mit einem Ultraschallmelder oder einer Lichtschranke besser bedient.

Wenn der Überwachungsbereich eines IM verdeckt wird, kann eine Überwachung nur bis zu dem Hindernis erfolgen. Bei problematischen Überwachungen, wie die Sicherung von Spielhallen, Einkaufszentren oder Kiosken, in denen sich viele Kunden mehr oder weniger ohne Aufsicht aufhalten, ist es vorgekommen, dass Bewegungsmelder abgedeckt oder zugestellt wurden. Wenn dies mit einem Stück Papier oder einem Karton geschieht, können aufmerksame Mitarbeiter eine eventuelle Manipulation erkennen und beseitigen. Wird statt dessen Klarlack auf das Sichtfenster des IM gesprüht, kann nur noch ein Funktionstest diese Manipulation aufdecken.

Aus diesem Grund haben einige Hersteller eine Abdecküberwachung für ihre IM entwickelt. Die meisten Abdecküberwachungen erkennen Veränderungen bis zu 30 cm vor der Linse wie auch eine Veränderung direkt auf der Linse. Eine LED an dem Melder zeigt diese Störung an. Gleichzeitig wird eine Schärfung der Alarmanlage verhindert.
Die Abdecküberwachungen gibt es für IM und Ultraschallmelder.

```
Normbezeichnung:    Infrarot-Bewegungsmelder
Kurzzeichen:        IM
Symbol:             ◁
```

4.13 Ultraschallmelder

Im Gegensatz zum Passiv-Infrarot-Melder ist der Ultraschallmelder (US) ein aktiver Melder. Er hat eine Sende- und eine Empfangseinrichtung, die beide im Ultraschallbereich arbeiten. Die ausgesendeten Ultraschallschwingungen werden von der Raumeinrichtung reflektiert. Diese Reflexion speichert der Melder ab. Wird in einem solchen Raum etwas verändert, empfängt der Melder ein ganz anderes Reflexionsbild und löst einen Alarm aus.
Der Überwachungsbereich dieses Melders hat das Aussehen einer Keule. Innerhalb des Keulenbereiches gibt es keine toten Zonen. Die Überwachung erstreckt sich über das gesamte Keulenvolumen. Der Ultraschallmelder sollte so montiert werden, dass die wahrscheinliche Bewegungsrichtung zu dem Melder hinführt.
Bei einem Ultraschallmelder besteht die Möglichkeit, die Empfindlichkeit einzustellen. Durch Abschreiten des Meldebereiches kann die benötigte Empfindlichkeit mittels eines Potentiometers genau den Räumlichkeiten angepasst werden. Auch bei diesem Melder dient die eingebaute LED der Gehtestanzeige zur Erstalarmkennung (*Bild 4.17*).
Nach jedem Umräumen (z. B. in Lagerräumen, Geschäften oder bei Wohnungsrenovierungen) sollte der Melder auf die neuen räumlichen Gegebenheiten justiert werden. Gegenstände, die in die Nähe des Melders gestellt wurden, können zu einer Überempfindlichkeit dieses Melders führen. Jede kleine Störung kann dann einen Fehlalarm auslösen. In Räumen mit oft wechselnden Inneneinrichtungen (z. B. Ausstellungen, Möbelhäuser oder Lagerhallen) sollte dieser Melder aus den vorgenannten Gründen eigentlich nicht eingesetzt werden. In Schwimmbädern oder Räumen mit Zierwasserbecken haben Ultraschallmelder überhaupt nichts zu suchen, da die Bewegung der Wasseroberfläche Fehlalarme auslöst. In

Bild 4.17 Ultraschallmelder mit eingebautem Mikroprozessor zur Fehlalarmunterdrückung (Foto: Arrowhead)

Gebäuden mit großflächigen Lüftungsanlagen sind Ultraschallmelder ebenfalls nicht zu empfehlen. Es kommt häufig vor, daß in den Lüftungsrohren Heimchen überwintern. Bei den zirpenden Rufen dieser Insekten sind ebenso Fehlalarme möglich.
Der Überwachungsbereich eines Ultraschallmelders darf nicht auf lose aufgehängte Gegenstände, Gardinen, Warmluftgebläse, Heizkörper, Telefon- oder Türklingeln und Geräte mit kreischenden Lagergeräuschen gerichtet werden. Außerdem sind US-Melder nicht in Räumen verwendbar, in denen gleichzeitig Körperschallmelder oder kapazitive Feldänderungsmelder arbeiten. Kommen in einem Raum mehrere Ultraschallmelder zum Einsatz, dürfen sich ihre Überwachungsbereiche nicht überschneiden. Frequenzstabilisierte und synchronisierte Ultraschallmelder bilden hierfür die Ausnahme.

Normbezeichnung:	Ultraschall-Bewegungsmelder
Kurzzeichen:	US
Symbol:	⌑

4.14 Mikrowellenmelder

Ebenso wie der Ultraschallmelder ist der Mikrowellenmelder ein aktives Überwachungsgerät. Auch hier hat der Überwachungsbereich die Form einer Keule. Da die Sendefrequenz zwischen 9 und 11 GHz liegt, können auch Bewegungen außerhalb des Sicherungsbereiches zu einer Alarmauslösung führen. Mikrowellen können Leichtbauwände, Gasbetonwände, Glasscheiben oder Kunststoffabdeckungen durchdringen. Bewegungen von vorbeifahrenden Fahrzeugen, von Wasser in Abflussrohren oder von Aufzügen in Aufzugschächten können erfasst werden.

Bei dem Kauf eines Mikrowellenmelders muss man darauf achten, dass die allgemeine Betriebserlaubnis der Regulierungsbehörde für Telekommunikation und Post (RegTP) vorliegt. Andernfalls sind diese Geräte nachträglich zu melden. Die Zulassungsnummer muss jedem zugelassenen Gerät beiliegen. Bei neueren Geräten muss sie sogar sichtbar aufgedruckt sein.

Für den Mikrowellenmelder gelten die gleichen Einschränkungen wie für den Ultraschallmelder. Außerdem dürfen sich im Nahbereich des Melders keine großen Metallflächen mit planer Oberfläche befinden. Durch die starke Reflexion der Mikrowellen kann der Melder überempfindlich reagieren und schon bei kleinen Störungen einen Fehlalarm auslösen.

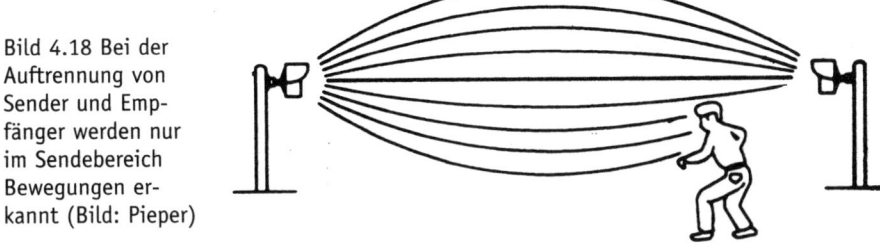

Bild 4.18 Bei der Auftrennung von Sender und Empfänger werden nur im Sendebereich Bewegungen erkannt (Bild: Pieper)

Normbezeichnung:	Mikrowellen-Bewegungsmelder
Kurzzeichen:	MW
Symbol:	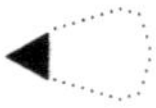 ◀

Normbezeichnung:	Mikrowellen-Schranke
Kurzzeichen:	MS
Symbol:	 ◀ ▶

Mikrowellenmelder werden auch zur Außenüberwachung eingesetzt. Durch die Trennung von Sender und Empfänger erreicht man relativ große Überwachungsstrecken (*Bild 4.18*). Auf der ganzen Überwachungsstrecke darf auf einer Breite von ca. 6 m kein Baum und kein Strauch stehen. Auch sollte ein unbeabsichtigtes Betreten des Überwachungsbereiches durch Mensch oder Tier mit entsprechenden Zaunanlagen verhindert werden. Eine Alarmmeldung zu einem Wachdienst oder zu einem Werkschutz ist bei Außenanlagen sinnvoll. Falls ein Werkschutz alarmiert wird, kann eine zusätzlich installierte Videoüberwachung schnell klären, ob es sich um einen Fehlalarm oder um einen Täteralarm handelt. Anhand des Videobildes kann man entsprechend reagieren, ohne seine eigenen Beschäftigten zu gefährden.

4.15 Kombinationsmelder

In dem Gehäuse eines Kombinationsmelders sind zwei verschiedene Meldertypen eingebaut. Dieser spezielle Melder kann eine Kombination aus Passiv-Infrarot-Melder, Ultraschallmelder oder Mikrowellenmelder – beide in einer UND-Funktion verknüpft – beinhalten. Erst wenn beide Systeme eine Bewegung registrieren, löst der Melder einen Alarm aus (*Bild 4.19*).
Der Kombinationsmelder wurde speziell für problematische Raumsicherungen entwickelt. Er eignet sich zur Absicherung von Räumen, in denen man mit Zug-

Bild 4.19 Kombinationsmelder mit zwei verschiedenen Meldern. Der Überwachungsbereich reicht bis max. 10 m (Bild: Arrowhead)

luft rechnen muss (z. B. Lagerhallen, Treppenhäuser, Werkstätten oder Läden mit Nurglastüren, die meistens einen großen Luftspalt haben). Fehlalarme durch anlaufende Lüfter oder bewegliche Werbeschilder können mit dem Kombinationsmelder auf ein Minimum reduziert werden.

Durch den Einbau zweier Meldertypen ist der Kombinationsmelder relativ teuer (ca. ¤ 250.–). Die Reichweite solcher Melder liegt bei etwa 8 m.

4.16 Lichtschranke

Lichtschranken sind aktive Überwachungsgeräte. Sie senden einen unsichtbaren Lichtstrahl (Infrarotstrahl) aus, der zu einem Empfänger oder über einen Spiegel zum Sendegerät (= Empfänger) zurückgeleitet wird. Eine Unterbrechung dieser Überwachungsstrecke löst einen Alarm aus.

Bei VdS-Anlagen müssen Sende- und Empfangsteil immer über eine Referenzleitung verbunden werden. Neben dem Lichtstrahl wird auch noch die Modulation zwischen Strahl und Referenzleitung kontrolliert. Manipuliert man die Strecke mit einem anderen Sendegerät, fehlt die Referenzleitung zum Empfänger, und es kommt zu einer Alarmauslösung.

Lichtschranken können als Fallensicherung in langen Lagergängen oder Büroluren eingesetzt werden. Die Geräte sollten von außen nicht einsehbar sein. Durch lange Schienen mit schwarzer Plexiglasabdeckung kann man die Einbauhöhe der Lichtschranken verdecken. Sind die Bürogänge durch Glasabtrennungen unterteilt, muss man mit einer Reduzierung der Reichweite rechnen. Bei dem Einsatz von Lichtschranken sollte man niemals die maximale Reichweite ausnutzen. Die Strecke wird dann zu störanfällig, da der Infrarotstrahl nicht mehr so energiereich ist. Staub und Warmluft können dann zu Fehlalarmen führen. Eine 60-%-Abdeckung des Sende- oder Empfangsgerätes darf noch nicht zu einer Alarmauslösung führen. Bei den meisten Geräten liegen entsprechende Lochraster mit den Prozentangaben bei.

Will man Öffnungen auf Durchstieg überwachen, darf der Abstand zwischen den Strahlen nicht größer als 30 cm sein. Bei Umlenkspiegeln sollten die Überwa-chungsstrecken möglichst kurz gehalten werden. Außerdem müssen die Spiegel ständig auf eventuelle Verschmutzungen kontrolliert werden. Bei dem Aufbau von so genannten Lichtschrankengittern ist es ratsam, die Einzelgeräte in die dafür vorgesehenen Schienen mit den schwarzen Plexiglasabdeckungen zu setzen. Der abwechselnde Einbau von Sender und Empfänger bringt dabei einen größeren Manipulationsschutz (*Bild 4.20*).

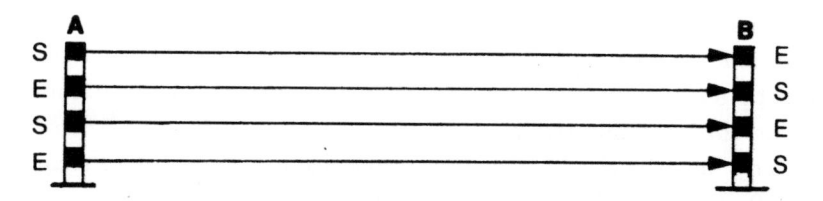

```
      A                                                    B
    S ▮━━━━━━━━━━━━━━━━━━━━━━━━━━━━━━━━━━━━━━━━━━━▶▮ E
    E ▮                                              ▮ S
    S ▮━━━━━━━━━━━━━━━━━━━━━━━━━━━━━━━━━━━━━━━━━━━▶▮ E
    E ▮◀━━━━━━━━━━━━━━━━━━━━━━━━━━━━━━━━━━━━━━━━━━━▮ S
```

Bild 4.20 Bei Lichtgittern sollte man immer Sender und Empfänger abwechselnd einbauen (Bild: Warning)

Für den Außeneinsatz sind in Gehäuse und Reflektor thermostatgesteuerte Heizungen erforderlich. Da man hier mit Schnee, Regen, Hagel oder Nebel rechnen muss, sollte erst eine 80-%-Abdeckung der Geräte zu einem Alarm führen. Außerdem müssen die Geräte erschütterungsfrei montiert werden, damit Windböen, Straßen- oder Bahnlinienverkehr keine Fehlalarme auslösen. Wie bei allen Außenanlagen muss man auch hier mit Alarmauslösungen durch Tiere oder fallende Äste rechnen. Bei der Überwachung von Werkstätten oder Lagerhallen müssen tagsüber hineingeflogene Vögel vor dem Scharfschalten der Alarmanlage verscheucht bzw. hinausbefördert werden. Bei einer eventuellen Fenster- oder Oberlichtüberwachung ist dies besonders wichtig, da Vögel immer zum Licht fliegen.

```
┌─────────────────────────────────────────────┐
│ Normbezeichnung:    Lichtschranke           │
│ Kurzzeichen:        LS                      │
│ Symbol:             ▢· ·▢                   │
└─────────────────────────────────────────────┘
```

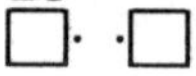

4.17 Lichtvorhang

Der Infrarot-Lichtvorhang wird durch ein ganz neues Gerät erzeugt, das zur Flächenüberwachung eingesetzt werden kann. Dies können Schaufenster, Bleiglasfenster, Lichtkuppeln, Wintergärten, Plexiglas-Rolltore oder Glasbauelemente sein. Der neue Lichtvorhang hat nichts mit den herkömmlichen Lichtschrankensystemen oder Strahlengittern zu tun. Das Gerät erzeugt und überwacht ein moduliertes Lichtfeld. Durch eine multiplexe Mehrkanaltechnik filtert es bestimmte Störimpulse heraus. Eine logische Auswerteeinheit kompensiert in gewissen Grenzen langfristige Veränderungen wie z. B. die Verschmutzung der Reflektoren. Fehlalarme durch Insekten oder Warmluft werden dadurch unterdrückt (*Bild 4.21*).

4.17 Der Lichtvorhang

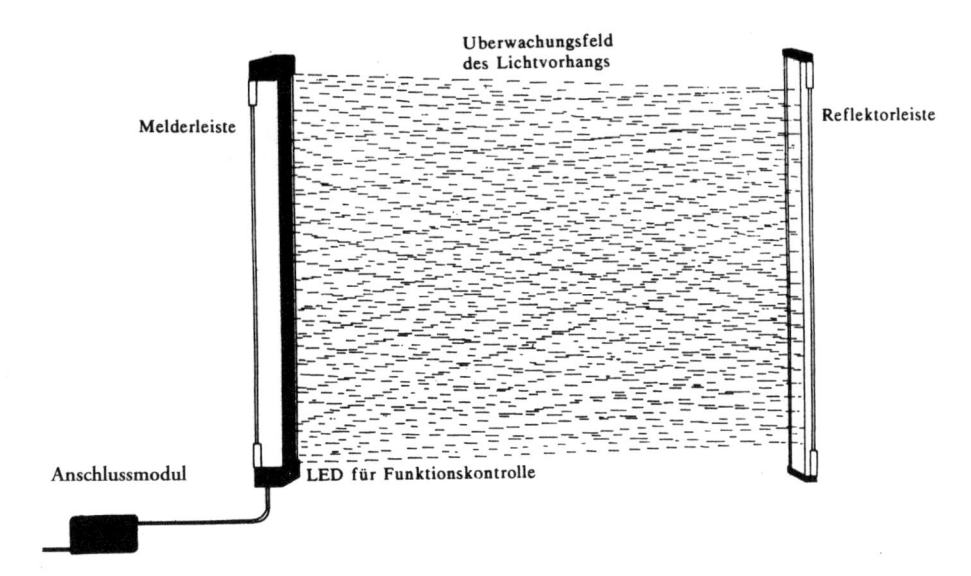

Bild 4.21 Überwachungsbereich des Lichtvorhangs (Bild: Telenot)

Je nach Anwendungsfall gibt es den Lichtvorhang zur Durchgriff- oder zur Durchstiegsüberwachung. In beiden Fällen besteht eine Überwachungseinheit aus einer Melder- und einer Reflektorleiste. Diese Leisten sind in den Farben Alunatur und Alu-braun eloxiert erhältlich.

Das Gerät für die Durchgriffsüberwachung löst bei Gegenständen, die größer als 6 x 6 cm sind, einen Alarm aus. Es kann eine Höhe von 0,8 m bis 1,7 m und eine Breite von 9,5 m überwacht werden. Bei der Durchstiegsüberwachung lösen erst Gegenstände, die größer als 30 x 30 cm^2 sind, einen Alarm aus. Die Durchstiegssicherung hat eine Überwachungshöhe von 1,1 m bis 2,5 m und eine maximale Breite von 7,5 m.

Dieser Infrarot-Lichtvorhang kann an jede Alarmanlage angeschlossen werden. Die Spannungs-Versorgung beträgt 12 V, und der Alarmkontakt ist als potentialfreier Wechsler ausgelegt. Außerdem sind Gehtest und Alarmspeicher angeschlossen. Die Stromaufnahme liegt zwischen 8 mA und 40 mA. Bei der Planung muss man beachten, dass der Lichtvorhang nicht für den Außeneinsatz geeignet ist. Die VdS-Gewerbeanerkennung macht deutlich, dass es sich um ein hochwertiges Überwachungsgerät handelt.

4.18 Körperschallmelder

Körperschallmelder eignen sich zur Durchbruchüberwachung von Metall, Beton und Steinflächen. Die Überwachung von Holz, Luftgassteinen und Glasflächen muss mit anderen, geeigneteren Meldern vorgenommen werden (*Bild 4.22*).

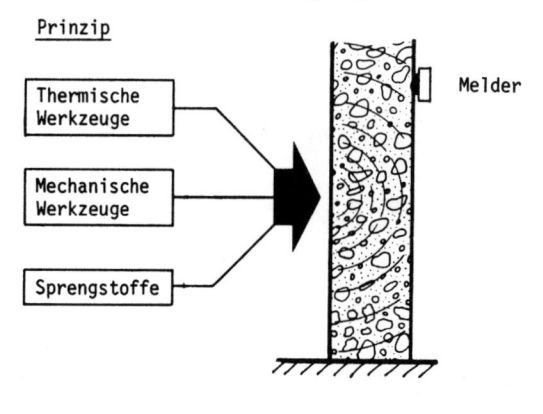

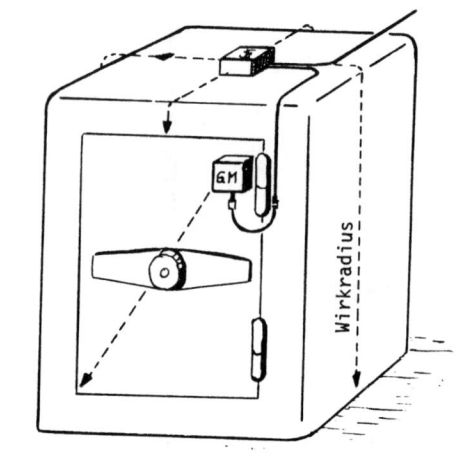

Links: Bild 4.22 Jedes Werkzeug erzeugt Schallwellen, die von dem Körperschallmelder erfasst und ausgewertet werden (Bild: Arrowhead)

Rechts: Bild 4.23 Bei einem Wertbehältnis müssen immer Tür und Gehäuse von je einem Melder überwacht werden (Bild: Arrowhead)

Das Tresorgehäuse und die Tresortür muss man mit je einem Melder sichern. Bei der Überwachung von Schränken, Truhen oder anderen Wertbehältnissen ist auf die Schallübertragung durch Wasserleitungen, Fahrstühle, Straßenverkehr usw. zu achten. Eine isolierte Aufstellung (z. B. auf einer Gummimatte) verhindert Fehlalarmierungen (*Bild 4.23*).
Bei der Überwachung von Decken, Wänden und Böden muss man mögliche Störquellen berücksichtigen. Festigkeit und Schallübertragung der Wände sind genau so zu berücksichtigen wie eventuell vorhandene Dehnungsfugen, Wandrisse oder Schwitzwasser. Automatisch anlaufende Maschinen, Straßenverkehr, Überschallknall und U-Bahnen können auch zu Fehlalarmen führen. Wird bei der Projektierung eine dieser möglichen Störquellen festgestellt, sollte man von vornherein mehrere Melder mit reduzierter Reichweite einplanen. Als Projektierungshilfen hat jeder Hersteller ein Datenblatt für seine Melder erstellt. Anhand dieser Diagramme kann man feststellen, wie groß der Überwachungsbereich des Melders bei einem bestimmten Material ist. Durch Ausmessen der zu

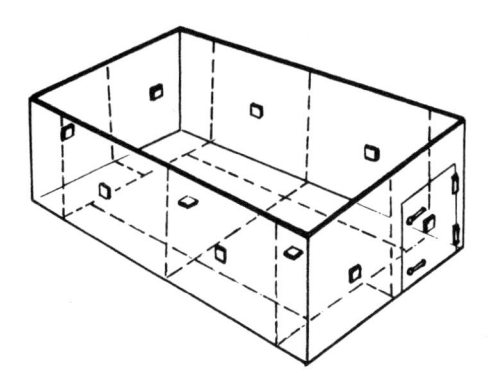

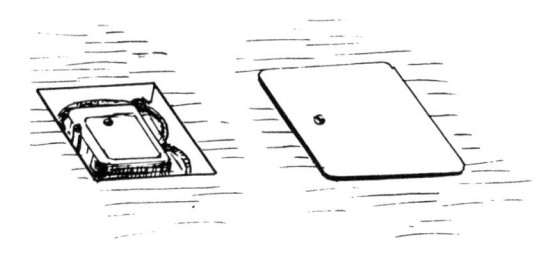

4.18 Körperschallmelder

Rechts: Bild 4.25 Wandeinbaudosen ermöglichen eine Kontrolle des Melders (Bild: Arrowhead)

Links: Bild 4.24 Baumaterial und Meldertyp sind ausschlaggebend für die Melderanzahl (Bild: Arrowhead)

überwachenden Fläche ermittelt man dann die benötigte Melderanzahl *(Bild 4.24)*.
Die Unterseite des Körperschallmelders muss direkt an der zu überwachenden Fläche anliegen. Deshalb müssen vorher Putz, Tapeten, Verkleidungen oder Farben entfernt werden *(Bild 4.25)*. Bei der Überwachung von Nachttresoren ist eine Schallisolierung von Einwurfschacht und Auffangbehälter unbedingt erforderlich. Einfache Gummi- oder Filzmatten sind hierfür ausreichend.

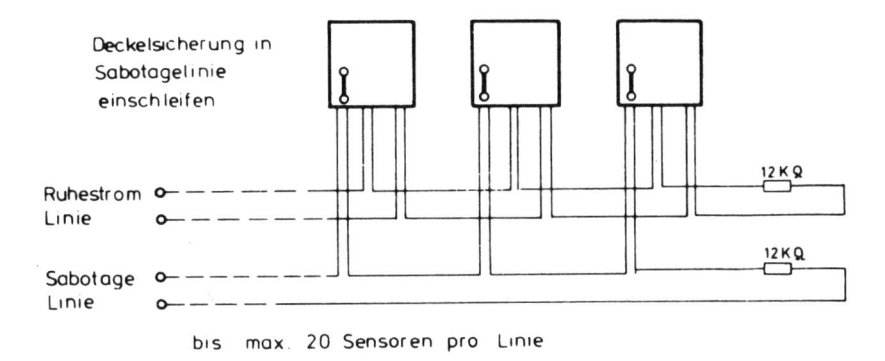

Bild 4.26 An jede Meldelinie dürfen max. 20 Melder angeschlossen werden (Bild: Arrowhead)

Normbezeichnung: Körperschallmelder
Kurzzeichen: KS
Symbol:

Laut VdS dürfen pro Meldelinie maximal 20 Körperschallmelder angeschlossen werden. Eine zusätzliche Öffnungsüberwachung bei Tresoren und Wertbehältnissen wird ebenfalls verlangt (*Bild 4.26*).

Zur Meldekontrolle und zur Auswertung der Einzelidentifizierung muss der Melder für den Techniker jederzeit zugänglich sein.

4.19 Kapazitive Feldänderungsmelder

Diese Geräte werden meistens zur Überwachung von Behältern mit wertvollem Inhalt eingesetzt. Die zu überwachenden Objekte sind mit einem Abstand von 25 cm zu Boden und Wand bzw. Wand und Decke isoliert aufzustellen. Die Hersteller dieser Geräte bieten dafür PVC-Distanzblöcke an. Der zu überwachende Behälter und alle angrenzenden Flächen müssen aus Metall oder metallummantelt sein (*Bild 4.27*).

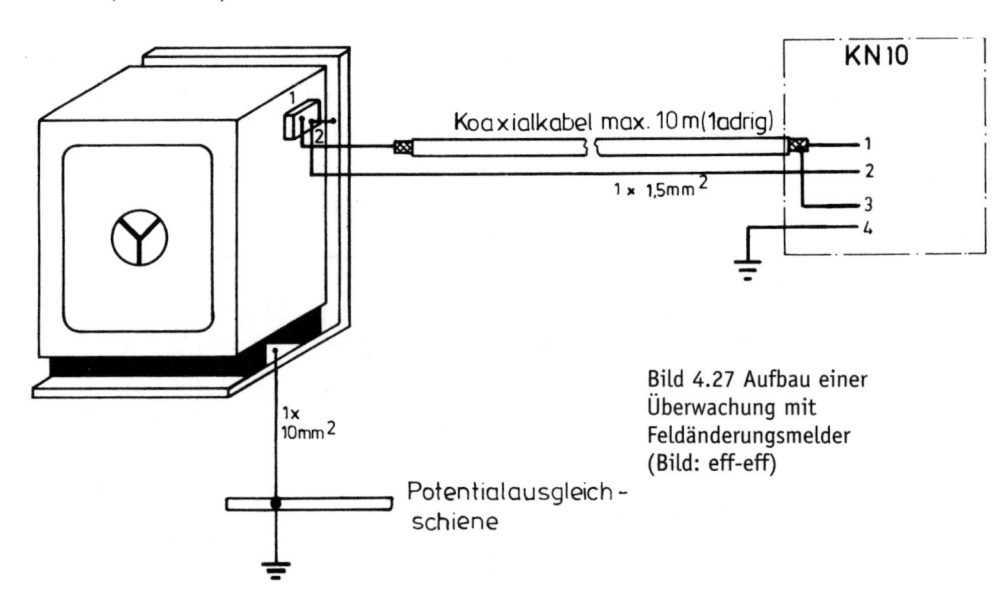

Bild 4.27 Aufbau einer Überwachung mit Feldänderungsmelder (Bild: eff-eff)

Eine Verkleidung der Metallflächen mit Tapeten oder Teppichböden ist an Wänden, Decken und Böden erlaubt. Die Verbindung aller Abschirmungen mit der Hauserde muss fest und oxidationsfrei erfolgen. Größere metallische Gegenstände, wie z. B. Heizkörper oder Regalwände, die in der Nähe des zu überwachenden Objektes liegen, müssen mit in die Erdung einbezogen werden. Für die Verbindung zwischen Gehäuse und Melder gibt es spezielle Koaxialkabel.

Der kapazitive Feldänderungsmelder baut zwischen den beiden festgelegten Polen ein elektrisches Feld auf. Tritt ein Mensch in die Nähe eines so überwachten Gehäuses, verändert er das elektrische Feld und löst einen Alarm aus. Neuere Geräte mit mikroprozessorgesteuerter Auswertelektronik stellen sich selbstständig auf das Objekt ein. Mögliche Änderungen durch Umwelteinflüsse werden erkannt und ausgefiltert.
Die herstellerspezifischen Einbauhinweise sind unbedingt zu beachten.

```
Normbezeichnung:    Vibrationskontakt
Kurzzeichen:        VK
Symbol:             ◄
```

4.20 Bildermelder

Bildermelder sind eine sehr sinnvolle Ergänzung zur Außenhautüberwachung. Eine 24-Stunden-Überwachung der Wertgegenstände ist mit ihnen gewährleistet. Es besteht die Möglichkeit, nicht nur Bilder, sondern auch Wandteppiche, Masken, Waffen und alle anderen hängenden Kunstgegenstände in Ausstellungen und Galerien, aber auch im privaten Bereich, den ganzen Tag gegen Diebstahl oder eine mutwillige Zerstörung mit dem Bildüberwachungssystem abzusichern.
Die Bildermelder gibt es als Einzelgeräte und als Systembausteine für den Kanaleinbau (*Bild 4.28*). Wird ein solcher Kanal als Abschlussleiste in Deckenhöhe verlegt, sind die Melder beliebig in den Kanal einzusetzen, so dass Umbauten von

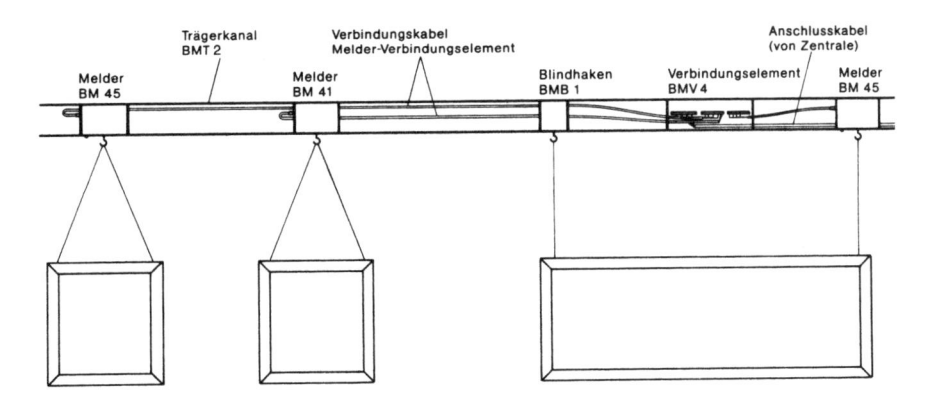

Bild 4.28 In einem Kanal können die unterschiedlichsten Melder zusammengefasst werden (Bild: Aroowhead)

Bild 4.29 Die Bildmelder dieser Anlage sind in dafür vorgesehene Wandkanäle eingebaut (Bild: Arrowhead)

Ausstellungen ohne großen Montageaufwand erfolgen können. Die Wandkanäle gibt es in Unter- und Aufputzausführung (*Bild 4.29*).
Diese Art der Absicherung erfordert keinerlei Installationen an dem Kunstwerk. Ein dünnes Stahlseil ist die einzige Verbindung zwischen Kunstobjekt und Melder.
Bei diesem Überwachungssystem kann man zwischen verschiedenen Meldertypen wählen. Die elektromechanischen Melder registrieren nur ein Entfernen des Bildes. Elektronische Bildermelder können schon Bewegungen von tausendstel Millimetern erkennen und als Alarm anzeigen. Der elektronische Melder ist auch in der Lage, mutwillige Zerstörungen, wie z. B. Zerschneiden, Bemalen oder Bespritzen der Bilder zu erkennen und zu melden. Natürlich sind Bildermelder und Montagekanal durch Sabotageschalter gegen ein unbefugtes Öffnen gesichert. Das zu überwachende Gewicht kann zwischen 1,5 kg und 100 kg liegen. Beim Aufhängen der Bilder muss man darauf achten, dass auf den Melder nur senkrechte Kräfte wirken. Bei langen Bildern oder Teppichen kann man zu einem Bildermelder einen Blindhaken benutzen. Werden elektronische Bildermelder einge-

4.20 Bildermelder

Bild 4.30 Schaubild und Funktionszeichnung des flachen Bildmelders (Bild: Securiton)

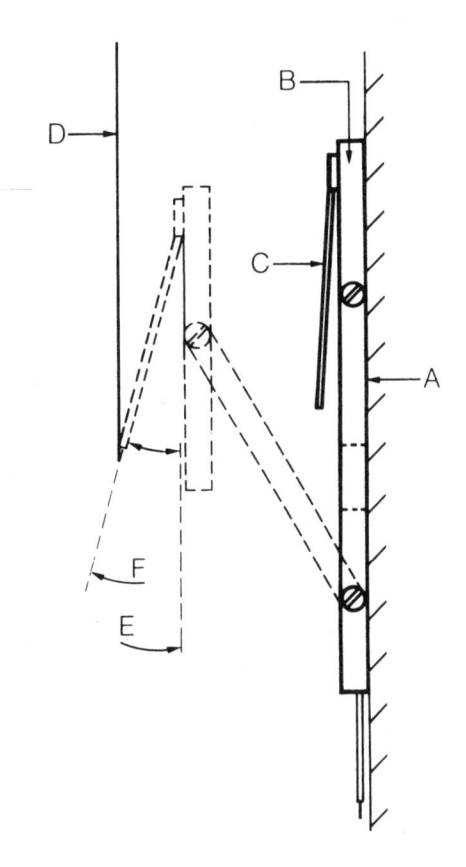

setzt, sollte man an der Bildrückseite ein paar Schaumstoffstücke mit Heftzwecken befestigen. Durch den so geschaffenen Hohlraum kann eventuelle Zugluft hinter dem Bild vorbeistreichen. Zufällige Bildbewegungen und somit Fehlalarme werden durch diese Maßnahme reduziert.

Für die Überwachung an unveränderlichen Orten kann man einen extrem flachen, ca. 5 mm dicken Melder, der mit Reedkontakten arbeitet, für den Täter unsichtbar hinter das Überwachungsobjekt montieren. Der Melder besteht aus einem auf der Wand zu befestigenden Kerngehäuse und einer beweglichen Sensorplatte, die durch Federdruck leicht gegen die Bildrückseite gedrückt wird. Der maximale Abstand zwischen Bild und Wand kann individuell eingestellt werden (*Bild 4.30*). Beim Entfernen des Bildes drückt die Federspannung die Sensorplatte über ihren eingestellten maximalen Schaltpunkt hinaus. Es kommt zur Alarmauslösung. Ganz schlaue Einbrecher könnten die Sensorplatte mit einem Draht gegen die Wand drücken. Dies würde aber zur Unterschreitung des minimalen Wandabstandes und somit ebenfalls zum Alarm führen. Bei sehr klein eingestelltem Schaltweg zwischen minimalem und maximalem Wandabstand kann man mit diesem Melder auch den Bildvandalismus sofort erkennen. Die geringen Bewegungen, die beim Bemalen oder Zerschneiden des Bildes entstehen, reichen dann für eine Alarmauslösung aus.

Normbezeichnung:	Bildermelder
Kurzzeichen:	BM
Symbol:	⚭

4.21 Vibrationskontakt

Der Vibrationskontakt reagiert auf Erschütterungen seiner Montagefläche. Es gibt ihn einmal als mechanischen Blattfederkontakt und zum anderen als elektronischen Kontakt mit eingebautem piezoelektronischen Sensor. Beide Kontakte eignen sich zur Überwachung von Glasscheiben, Holztüren, Glasbauwänden und als Durchbruchüberwachung von Kassettenfenstern.

Bei der Überwachung von Fenstern und Türen muss die Montage des Melders außerhalb des Handbereiches erfolgen, der bis zu drei Meter über den begehbaren Erdboden reicht. Der Anschluss von mehr als 10 Vibrationskontakten an eine Meldelinie ist nicht erlaubt. Mit Ausnahme von Magnetkontakten darf man keine anderen Alarmierungskontakte in diese Meldelinie einschleifen. Die Kabelzuführung zu dem Melder ist so zu gestalten, dass sich bei einer Lösung der Klebestelle der Melder sichtbar vom zu überwachenden Objekt löst.

Der mechanische Vibrationsmelder hat einen Blattfederkontakt. Das Federgewicht dieses Kontaktes muss immer nach unten hängen. Eine Justierschraube dient der Einstellung des Melders. Durch die Stellschraube wird der Druck zwischen Federkontakt und Gewicht reguliert. Je größer der Druck, desto stärker muss die Erschütterung sein, um den Kontakt zu öffnen. Wegen Materialermüdung des Federmetalls muss dieser Kontakt ständig überprüft und nachjustiert werden (*Bild 4.31*). Der offenliegende, nicht vergossene Schaltkontakt ist ein weiterer Nachteil dieses Melders. Die Oxidation der Kontaktflächen bedingt ein Ansteigen des Linienwiderstandes.

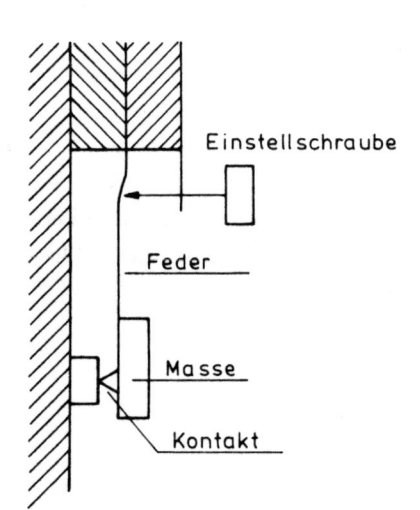

Bei dem piezoelektronischen Vibrationskontakt sind alle Schalter vergossen. Dieser Melder hat statt einer Stellschraube ein Stellpoti zur Empfindlichkeitseinstellung. Während der mechanische Melder auf jede Erschütterung anspricht, werden bei diesem Melder niederfrequente Erschütterungen unterdrückt. Man kann ihn so genau einstellen, dass nur harte Hammerschläge, zerborstenes Holz oder Glas und arbeitende Bohrmaschinen einen Alarm auslösen. Da die piezoelek-

Bild 4.31 Aufbau des alten mechanischen Vibrationskontaktes (Bild: eff-eff)

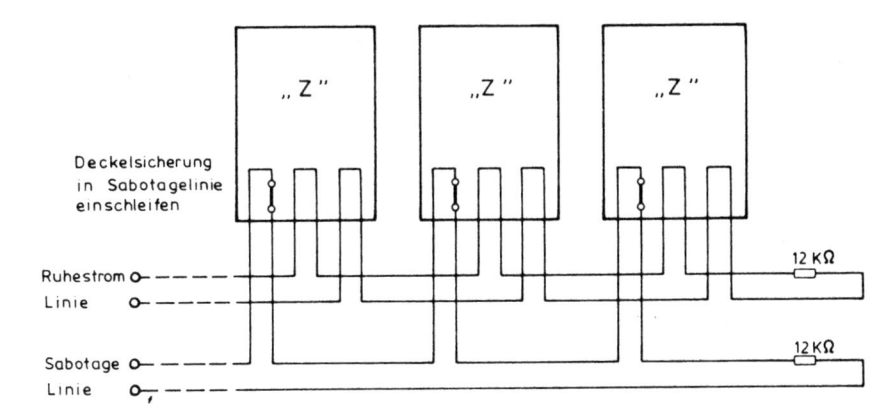

4.21 Vibrationskontakt

Bild 4.32 Laut VdS dürfen max. 10 Vibrationskontakte auf eine Meldelinie geschaltet werden (Bild: eff-eff)

tronischen Vibrationskontakte als Innenleben eine Platine mit elektronischen Bauteilen und eine Anschlussleiste haben, dürfen sie nicht in Räumen eingesetzt werden, in denen sich Kondens- oder Schwitzwasser bilden kann. Vor allen Dingen bei Glasbausteinen können leicht Probleme auftreten. Die Kondenswassertropfen laufen an der Innenseite des Gehäuses herunter und verursachen mit der Zeit auf der Platine und an der Anschlussleiste Kurzschlüsse. Dies führt zu Fehlalarmen und zur Zerstörung des Melders.

Die piezoelektronischen Vibrationskontakte haben teilweise eine VdS-Nummer. Allerdings benötigt man wegen der zusätzlichen Spannungsversorgung mehr als nur vier Adern, um diesen Melder vernünftig anzuschließen.

Neben der Meldelinie und dem Sabotagekontakt muss auch eine 12-V-Spannungsversorgung und eine Ader zur Erstalarmkennung mitgeführt werden (*Bild 4.32*).

Normbezeichnung:	Vibrationskontakt
Kurzzeichen:	VK
Symbol:	◄

4.22 Alarmtuch

Der Diebstahlschutz in Museen, Kirchen, Ausstellungen und Messen ist eine problematische Angelegenheit. Einerseits sollen die Objekte so sicher wie möglich untergebracht, andererseits aber einer breiten Öffentlichkeit möglichst ungehindert präsentiert werden.

Mit den vorher vorgestellten Alarmkontakten war eine diskrete und trotzdem sichere Überwachung von stehenden Exponaten nicht oder nur sehr aufwändig möglich. Bei Wanderausstellungen verhinderten oft großflächige Barrieren die hautnahe Präsentation der Ausstellungsstücke.

Mit dem neu entwickelten Alarmtuch der Fa. Secura Trans sind die oben beschriebenen Probleme mit einem Schlag beseitigt. Das Alarmtuch hat eine Stärke von nur 1 mm und arbeitet als flächendeckender Sensor. Pro Quadratmeter sind in dem Synthetikvlies 3400 Messpunkte eingearbeitet. Auch kleinere Objekte ab einer Auflagefläche von 4 cm im Durchmesser können sicher erfasst werden.

Die Überwachung erfolgt mit gitterförmig angeordneten Glasfaserleitungen. Die nachgeschaltete Auswertelektronik registriert die Summe aller Gewichte auf dem Alarmtuch. Gewichtsveränderungen von nur 100 Gramm führen zur Alarmauslösung.

4.23 Room-Scanning-Melder – NY-Alarm

Wie bereits in den vorherigen Kapiteln beschrieben, gibt es zur Detektion eines Einbruchs die unterschiedlichsten Melder und Sensoren. Das Room-Scanning-Prinzip ist speziell zur nachträglichen Objektsicherung sehr gut geeignet. Der NY-Alarm ist ein komplettes Alarmsystem für den gewerblichen und den privaten Gebrauch. Basierend auf dem neu entwickelten 3D-Room-Scanning-Prinzip sichert es die Außenhaut von Gebäuden bis 500 Quadratmeter.

Bild 4.33 NY-Alarmsensor im Gehäuse zum Einsatz in bereits bestehenden Alarmsystemen (Bild: BWS)

20 Jahre Erfahrung in der Sicherheitstechnik sind in diese Sicherheitslösung eingeflossen. Bestechend einfach und sicher, leicht zu montieren: der 3D-Room-Scanning-Sensor (*Bild 4.33*). Die objekttypische Eigenfrequenz wird bei der Aktivierung des NY-Alarms einmalig gemessen und als Null-Level im Speicher hinterlegt. Jede Veränderung in der 3D-Konstanten führt zur Alarmauslösung.

Melderaufbau

Jede Vitrine, jeder Raum, jedes Gebäude hat seine eigene Schwingungsfrequenz. Diese ändert sich zwangsläufig, sobald in der Außenhaut (Wände, Decken, Fenster oder Türen) mit Gewalt Beschädigungen hervorgerufen werden. Das gewaltsame Öffnen von Fenstern und Türen oder das Durchbrechen der Böden, Decken oder Wände sind Veränderungen, die zwangsweise zur Alarmauslösung führen. Durch eine überempfindliche Einstellung des Sensors kann bei Ausstellungsvitrinen selbst das einfache Berühren einen Alarm auslösen – was meistens durch eine Kordel unterbunden wird. Manipulationen werden im Ansatz erkannt. Neben der Überwachung von Gebäuden, Wohnungen oder Vitrinen besteht die Möglichkeit, den NY-Alarm auch zur Überwachung von LKW-Ladungen einzusetzen. Dies geht allerdings nur bei LKW mit einem festen Aufbau.

Eindeutige Vorteile

Keine Verkabelung in und zwischen den zu überwachenden Räumen. Das ist kostengünstig, macht keinen Dreck, aber das System ist weitestgehend immun gegen Störungen.
Redundante Spannungsversorgung – die eingebauten Akkus halten ca. ein halbes Jahr. Bei jedem Scharfschalten der Anlage erfolgt eine Kapazitätsüberprüfung und gegebenenfalls eine Warnmeldung. Ausfälle durch Überspannungen im Netz, hervorgerufen durch Gewitter oder kurzfristige Spannungsspitzen, können nicht vorkommen.
Voll kompatibel mit bereits vorhandenen Alarmsystemen. Der NY-Alarm kann an jede bestehende Alarmanlage als Erweiterung integriert werden.
Völlige Bewegungsfreiheit – auch bei eingeschaltetem Sensor kann man sich im gesamten Gebäude frei bewegen. Tiere – Hunde oder Katzen – verursachen keine Fehlalarme.

Nachteil

Zur einwandfreien Messung müssen die zu überwachenden Räume eine Verbindung haben. Geschlossene Türen verhindern die Einbrucherkennung in dem dahinter liegenden Raum. Bei einer Überwachung über mehrere Etagen müssen die Türen zwischen den Etagen ebenfalls offen bleiben.

Fazit

Der NY-Alarm ist ein komplettes Sicherungssystem zur Außenhautsicherung. Das gewaltsame Eindringen in das Sicherungsobjekt wird gesichert detektiert. Kabelverbindungen und Funksender zwischen den zu sichernden Räumen sind hierfür nicht erforderlich. Der NY-Alarm hat viele Vorteile gegenüber herkömmlichen kabelgebundenen oder Funksystemen.

Normbezeichnung:	NY-Alarm
Kurzzeichen:	NY
Symbol:	keins

4.24 Sonderlösung Miniüberwachungssystem

Für Etagenwohnungen oder für Schrebergärten, bei denen nur die Eingangstür gesichert werden muss, lohnt sich nach Ansicht der Bewohner meistens der Aufwand für eine Alarmanlage nicht. Auch hierfür hat die Sicherheitsindustrie die passende Lösung gefunden.
In einem Bewegungsmelder sind neben der normalen Funktion gleichzeitig ein automatisches Wählgerät mit Sprachübertragung, ein Funkempfänger zum Ein- bzw. Ausschalten des Systems, ein Handsender mit der Zusatzfunktion Überfall; optional sind ein externer Türkontakt und eine Sirene möglich. Das System wird über ein Netzteil mit Spannung versorgt.
Mit dem mitgelieferten Handsender kann das System ein- bzw. ausgeschaltet werden. Weitere Handsender können ebenfalls eingelesen werden. Der Handsender beinhaltet außerdem eine Notruftaste. Erkennt der Bewegungsmelder eine Bewegung oder wird der extern angeschlossene Türkontakt aktiviert, heult die eingebaute Sirene sofort los. Gleichzeitig wird das Wählgerät aktiviert und ruft die eingegebenen Nummern an. Mittels Sprachübertragung wissen die angerufenen Personen, wie sie reagieren müssen.

Das System ist sehr leicht mit sehr geringem Montageaufwand zu montieren und hat ein sehr gutes Preis-Leistungsverhältnis. Die Materialkosten belaufen sich auf ca. ¤ 200.–

4.25 Zusätzlicher Nutzen einer Sicherheitsanlage

Neben den vorher beschriebenen Alarmkontakten besteht die Möglichkeit, weitere Sicherheitslösungen mit der Einbruchmeldetechnik zu realisieren. An eine Alarmzentrale können auch Rauchmelder zur Brandfrüherkennung angeschlossen werden. Jede moderne Alarmzentrale bietet heutzutage die Möglichkeit, mit speziellen Programmierungen die Anforderungen aus dem Brandschutz zu realisieren. Die Meldegruppen, an die automatische Rauchmelder angeschlossen sind, dürfen nie abgeschaltet werden. Neben der örtlichen Alarmierung muss auch das Wählgerät in der Lage sein, hierfür eine separate Alarmkennung oder einen separaten Alarmtext zu übertragen (*Bild 4.34*). Zusätzlich besteht die Möglichkeit, mit Wasser- oder Wasserstandsmeldern technische Alarme zur realisieren.

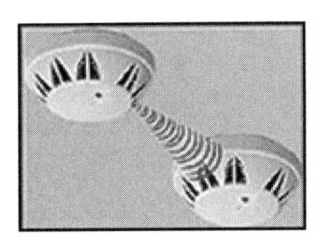

Bild 4.34 Optische Rauchmelder zur Brandfrüherkennung (Bild: ELV, Notifier und Aritech)

Rechts:
Bild 4.35 Gasmelder zur Erkennung von gefährlichen Gaskonzentrationen (Bild: ELV)

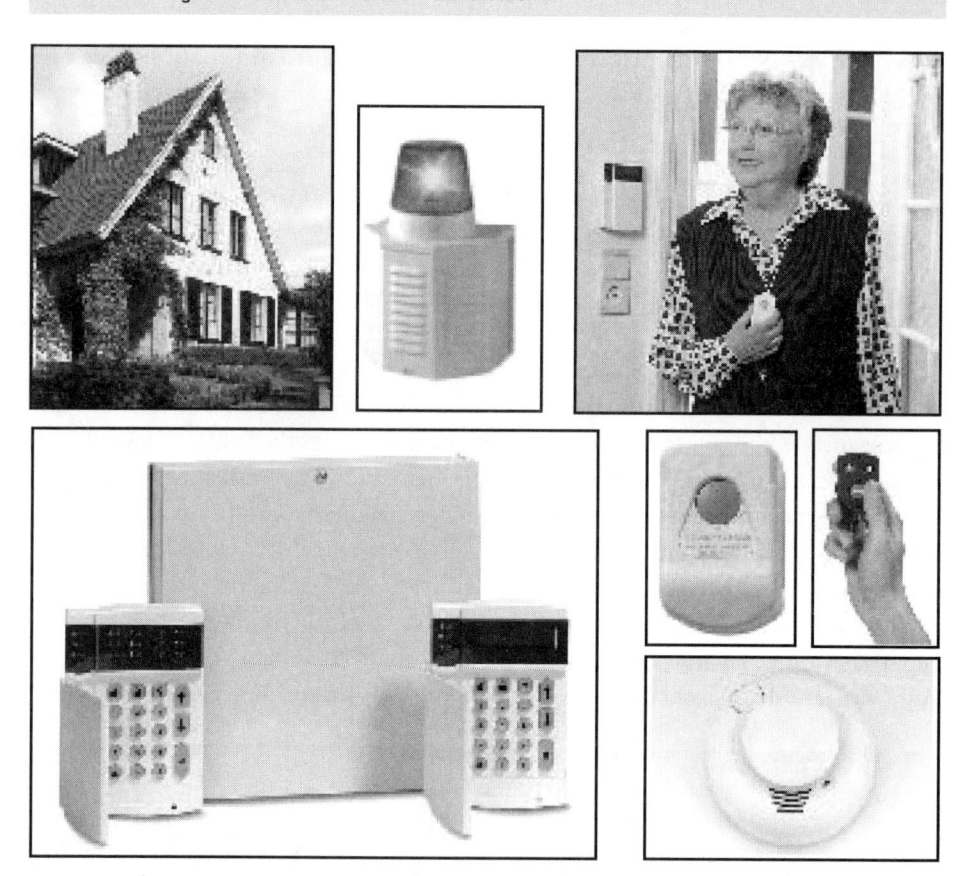

4 Einsatzmöglichkeiten und Funktion der Melder

Bild 4.36 Sicherheitssystem zum Alten- oder Krankennotruf mit den unterschiedlichsten Auslösegeräten (Bild: BWS)

Eine weitere sinnvolle Ergänzung sind die Gasmelder. Die Melder sind so justiert, dass sie bei 10 % der unteren Explosionsgrenze einen Alarm auslösen. Mit dieser Vorgabe ist genügend Zeit für eine Kontrolle oder die Evakuierung. Vor Montage der Melder muss man sich bei dem örtlichen Versorger erkundigen, ob leichtes oder schweres Gas zur Versorgung der Haushalte genutzt wird. Bei leichtem Gas muss die Meldermontage direkt unter der Decke erfolgen. Bei schwerem Gas sollte die Montage ca. 10 cm über dem Erdboden erfolgen (*Bild 4.35*). Auch hierfür kann eine separate Techniklinie an der Alarmzentrale programmiert werden.
Ebenfalls als zusätzlicher Nutzen besteht die Möglichkeit, die Alarmanlage als Alten- oder Krankennotruf einzusetzen. Mit speziellen Funksendern kann der kranke Mensch einen Alarm auslösen, der entweder auf ein Telefon eines Nachbarn oder direkt bei einem Pflegedienst aufgeschaltet ist. Ein Ansagetext gibt die entsprechenden Informationen gezielt weiter (*Bild 4.36*).

Alarmzentralen und Schalteinrichtungen 5

Diese beiden Anlagenteile sind die wichtigsten Teile in der ganzen Alarmanlage. Daher sollte man sie mit besonderer Sorgfalt auswählen. Die VdS-Nummer ist für beide Anlagenteile unbedingt erforderlich.

Auch hier gibt es die Unterscheidung zwischen VdS-Gewerbeanerkennung und VdS-Hausratanerkennung. Im Zuge des europäischen Binnenmarktes wird es für die Sicherungsklasse A auch spezielle, qualitativ nicht so hochwertige Zentralen geben.

Zentralen und Schalteinrichtungen müssen immer sabotageüberwacht sein. Außerdem dürfen sie nur für den ihnen zugedachten Zweck eingesetzt werden.

5.1 Zentralen

Wenn die Alarmanlage der Versicherung gemeldet werden soll, ist eine VdS-Anerkennung Bedingung. Aber auch für alle anderen Anlagen sollte jede eingesetzte Zentrale je nach Sicherungsklasse die entsprechende Anerkennungsnummer haben. VdS-Zentralen gibt es nur im Fachhandel und nicht bei Elektronikversandhäusern oder im Elektronikgeschäft. Die anerkannten Zentralen sind zwar meistens doppelt so teuer wie die nicht geprüften Geräte, aber die Ausgabe wird durch eine größere Funktionssicherheit und meist einfachere Bedienung belohnt.

Man muss immer daran denken, dass häufige Fehlalarme eine Alarmanlage unglaubwürdig machen. Komplizierte Einschaltvorgänge bei Billigzentralen bedingen eine seltene Nutzung der Anlage, da der Betreiber vor der aufwendigen Technik zurückschreckt. An diese beiden Argumente sollte man sich immer erinnern, wenn man vor der Entscheidung zwischen Billig- und VdS-Anlage steht.

Der VdS hat einige Richtlinien herausgegeben, die für jede Zentrale gelten. Der Montageort darf nicht von außen, z. B. durch Fenster, einsehbar sein. Die Zentrale darf nur an stabilen Wänden aufgehängt werden. Außerdem ist sie in dem abgesicherten Bereich anzubringen. Wird die Absicherung in mehrere Bereiche

5 Alarmzentralen und Schalteinrichtungen

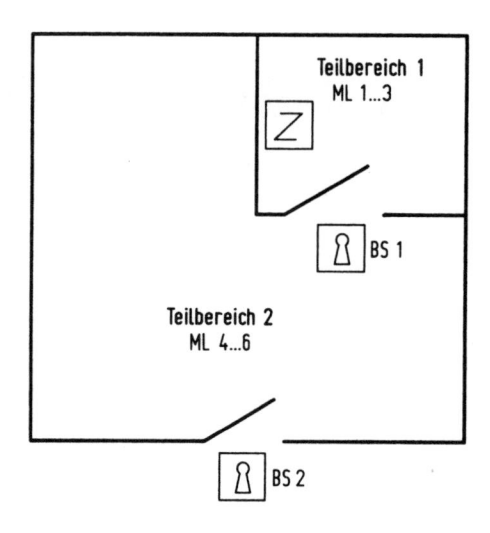

Bild 5.1 Alarmanlagenschärfung mit zwei Teilbereichen: Die Zwangsläufigkeit kann man mit einem Riegelschaltkontakt in der ersten Blockschloss-Schließung erreichen (Bild: Bosch)

aufgeteilt, muss sich die Zentrale in dem Bereich befinden, der zuerst scharfgeschaltet wird. Eine Schärfung des zweiten Bereiches darf erst möglich sein, wenn der erste Bereich schon geschärft wurde (*Bild 5.1*).

VdS-Zentralen können zwei Schärfungsarten unterscheiden. Es gibt einmal die interne Schärfung, bei der die Scharfschaltung an der Zentrale oder an einem abgesetzten Bedienteil erfolgt. Bei dieser Schärfungsart befindet sich noch jemand in dem Sicherungsbereich. Bei der Internschärfung oder auch Anwesenheitssicherung ist es bei den meisten Zentralen möglich, eine oder mehrere Meldelinien abzuschalten. Dies ist erforderlich, wenn zusätzlich zur Außenhautsicherung eine Fallensicherung mit Bewegungsmeldern etc. installiert wurde. Bei der Internschärfung wird im Alarmfall immer erst der Internalarm ausgelöst. Dies ist sehr sinnvoll, weil dadurch nicht die Nachbarn aufgescheucht werden, wenn man selber den Alarm verursacht hat (z. B. man vergisst morgens, die Anlage zu entschärfen und öffnet ein Fenster). Sabotage- und Überfallmeldelinien darf man niemals abschalten! Bei der Internschärfung bleiben alle Anzeigen an der Zentrale und an den Bedienteilen in ihrer normalen Funktion.

Wird die Zentrale von außen geschärft, müssen alle Anzeigelampen an Zentrale und Bedienteil verlöschen. Die externe Schärfung ist eine Abwesenheitsschärfung. Sie kann erst eingeschaltet werden, wenn die letzte Person das Gebäude verlassen hat. Diese Schärfung wird mit einem zusätzlichen Schloss, das nur von außen betätigt werden kann, aktiviert. Dabei erfolgt eine automatische Aktivierung aller vorher abgeschalteten Meldelinien. In einem Alarmfall schaltet sich sofort der Außenalarm ein. Die internen Alarmgeber dürfen dabei nicht ertönen.

5.1 Zentralen

Zusätzlich zur fest angeschlossenen Netzversorgung hat jede Zentrale eine integierte Notstromversorgung, die für mindestens 60 Stunden Notbetrieb ausgelegt sein muss. Störungen im Netz oder im Akkubereich werden an der Zentrale optisch und akustisch angezeigt. Bei einer Externschärfung müssen diese Anzeigen dunkel bleiben. Alarmzentralen können zwei oder auch mehrere hundert Meldelinien haben. Mindestens eine Meldelinie benötigt man für Sabotageüberwachung aller Außenmelder. Dies sind Sirenen, Blitzlampen, Scharfschalteinrichtungen und im Gewerbebereich alle Gehäusedeckel. Der Anschluss eines oder mehrerer Melder an eine Meldelinie ist möglich. Jede Meldelinie muss mit einem Abschlusswiderstand versehen sein. Dadurch wird der gesamte Leitungsweg auf Unterbrechung und Kurzschluss kontrolliert. Die Abschlusswiderstände müssen immer in die letzte Verteilerdose oder in den letzten Melder eingesetzt werden. Jede Meldelinie misst den Spannungsabfall am Widerstand. Wird die Leitung unterbrochen oder überbrückt, stimmt die Linienspannung nicht mehr. Diese falsche Spannung wird von der Elektronik registriert und als Meldung zur optischen Anzeige gebracht. Bei unscharfer Alarmanlage, also im Tagbetrieb, kommt es zu keiner Alarmierung. Wird der Kontakt, der unterbrochen wurde, wieder geschlossen, setzt sich die Linienanzeige selbständig zurück. Bei scharfgeschalteter Anlage erfolgt der sofortige Außenalarm.

Internalarme können je nach Zentralentyp zeitlich begrenzt werden. Bei einigen Zentralen bleibt der Alarm so lange aktiv, bis er an der Zentrale oder am Bedienteil zurückgesetzt wird. Akustische Außenalarme können zwischen 20 und 180 Sekunden eingestellt werden. Ein Sirenenalarm darf in Deutschland nie länger als drei Minuten dauern. Bei Störungen in der Alarmanlage oder an einem Anlagenteil darf es nie zu Alarmwiederholungen kommen.

Zur Absicherung von Privathäusern reicht meistens eine Zentrale mit fünf Meldelinien aus. Die Vorschrift besagt, dass man für jede Etage eine extra Meldelinie verwenden muss. Werden Keller, Erdgeschoss und erstes Obergeschoss mit einer Außenhautsicherung versehen, sind schon drei Meldelinien belegt. Will man als zusätzliche Falle noch einen oder zwei Bewegungsmelder einsetzen, ist die vierte Meldelinie auch belegt. Die fünfte Meldelinie muss dann zur Sabotageüberwachung von Sirene, Blitzlampe und Blockschloss eingesetzt werden. Will man die Absicherung übersichtlicher gestalten, muss man Zentralen mit mehr als fünf Linien wählen.

Vor dem Kauf einer Alarmzentrale sollte sich der Käufer vergewissern, dass er die Programmierung der Zentrale ohne technische Hilfsmittel durchführen kann. Zur Programmierung mittlerer und großer Zentralen benötigt man entweder firmenspezifische Programmiergeräte oder einen PC mit speziellen Programmen. Für einen einmaligen Kauf sind die Geräte oder die PC-Programme viel zu teuer.

5 Alarmzentralen und Schalteinrichtungen

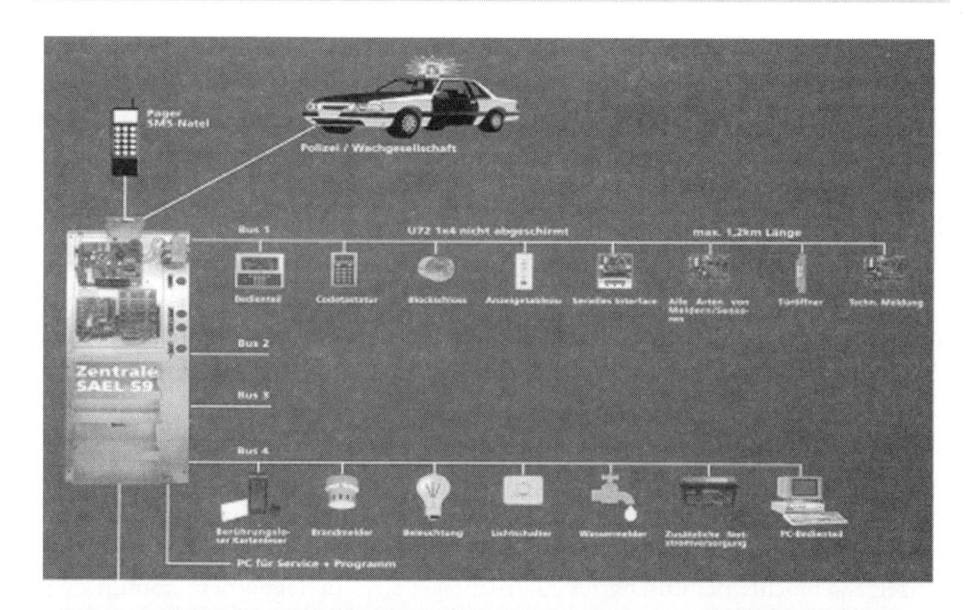

Technische Spezifikationen	Grundausrüstung	Ausbaufähig
Zentralenschrank Grösse	H=920 B=370 T=200mm	
Anzahl Lon BUS	4	64
Meldeeingänge mit Einzelerkennung	1550	4500
Sabotageeingänge mit Einzelerkennung	1550	4500
frei programmierbare Ausgänge	775	2250
Bereiche	200	600
Benutzercode	400	1200
Bedrohungscode	400	1200
Sperrzeitenbereiche	200	600
Klartextbedienteile	100	300
Extern Codetastaturen	200	600
Zutrittskontroll Leser	200	600
Zusätzliche Notstromversorgungen	20	100
Druckerschnittstellen	20	60
Schnittstellen für Leitsystem	1	1
DCF77 Funkuhr	1	1
Mehrsprachfähige Bedienerführung	D,F,I,E,P,DK,S	nach Kundenvorgaben

Die Zentrale SAEL S9 ist in folgenden Ländern anerkannt :
Schweiz : SVV/PIZ Kategorie 3 / Deutschland : VdS Klasse C / Dänemark : SKAFOR Klasse C

Bild 5.2a Aufbau einer multifunktionalen Buszentrale. Als Verbindung zwischen den Komponenten werden bei Strecken bis 200 m nur 2 Adern und bei längeren Strecken 4 Adern benötigt (Bild: Sauter)

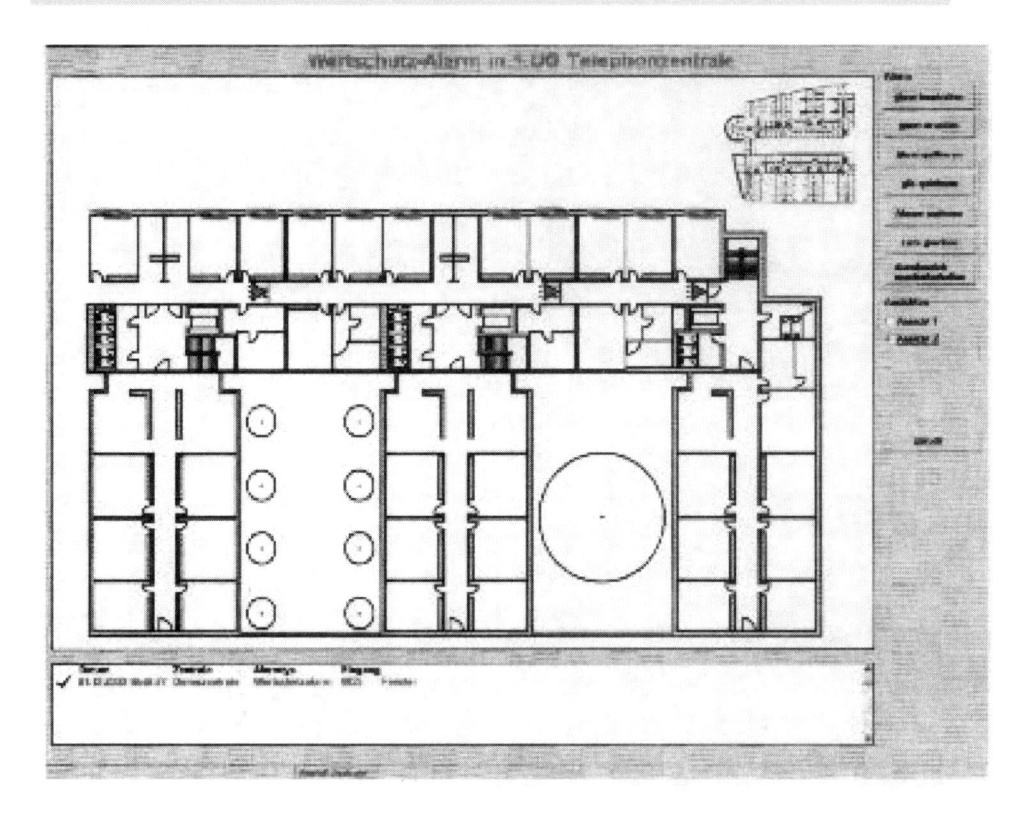

Bild 5.2b Leichte Programmierung und Visualisierung der Ereignisse als Klartext und/oder als Grundrissdarstellung auf einem PC oder Laptop (Bild: Sauter)

Entweder sucht man sich einen Lieferanten, bei dem die Programmierschalter in der Zentrale integriert sind, oder man vereinbart beim Kauf einer solchen Alarmzentrale einen Festpreis für die spätere Programmierung vor Ort, wenn alle Anlagenkomponenten installiert sind.

Zentralen der neuen Generation arbeiten in Zwei-, Drei- oder Vierdraht-Technik. *Bild 5.2a* zeigt ein Beispiel. Dadurch ist es möglich, eine größere Menge an Information zur Zentrale zu leiten. Während bei den normalen Zentralen die Linienanzeige die Information bringt, dass z. B. im Keller eine Tür oder ein Fenster geöffnet wurde, kann man mit den neuen Zentralen jeden Raum als Klartext auf einem Display anzeigen lassen (*Bild 5.2b*). Dies hat den Vorteil, dass man sofort weiß, in welchen Raum der Einbrecher eingestiegen ist. Natürlich sind diese Computerzentralen sehr teuer. Ihr Einsatz lohnt sich eigentlich nur für Personen mit einem hohen Sicherheitsbedürmis und für weitläufige Gewerbebetriebe. Wie

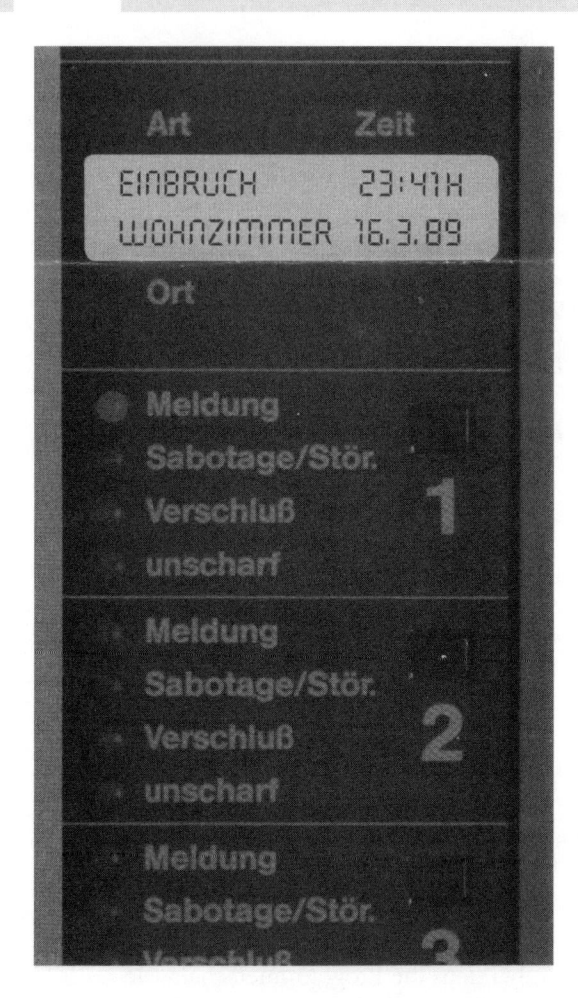

Bild 5.3 Bedientableau mit Display (Bild: Bosch)

bei allen diesen Anlagen kommt nach den Sicherheitsüberlegungen sofort die Kosten-Nutzen-Rechnung.

Die Zentralen der neuesten Generation bieten eine Vielzahl von Einsatzmöglichkeiten. Die Bezeichnung Alarmzentrale ist hier nicht mehr gerechtfertigt. Die Zentrale wird immer mehr zum Servicezenter für Gebäudesteuerungen. Die Zentrale ist nur noch ein abgeschlossenes Gehäuse mit einem leistungsfähigen Mikroprozessor, dem Netzteil mit der Notstromversorgung und den Anschlussmöglichkeiten für die Meldegruppen. Bild 5.2a zeigt ein Zentralengehäuse mit Busbedienteil. Alle Funktionen können über die abgesetzten Bedienteile ausgeführt werden. Der Anschluss erfolgt vieradrig per Datenbus. Durch die Vielzahl der Möglichkeiten ist allerdings die Programmierung der Anlagenfunktionen nur noch per Laptop oder PC sinnvoll. Eine Programmierung per Bedienteil ist viel zu unübersichtlich. Mit den integrierten Wähleinrichtungen und einem Modem können differenzierte Meldungen an die jeweils richtigen Ansprechpartner abgesetzt werden, z. B. sicherheitsrelevante Meldungen an die Wachzentrale, Störmeldungen aus der Gebäudetechnik an das jeweilige Serviceunternehmen etc. Mit den richtigen Zugangscodes können sich die Serviceunternehmen in die Zentrale einwählen und die aktuellen Werte abfragen und/oder bei Bedarf korrigierend eingreifen.

Ein weiterer Vorteil der Bustechnik ist die Klartextanzeige der Anlagenzustände an den Bedienteilen (*Bild 5.3*). Die Klartextanzeige ermöglicht eine schnelle Identifizierung der Meldung und des Störungsortes.

Die differenzierte Meldungsausgabe erleichtert auch den Serviceeinsatz. Langwieriges und dadurch teueres Suchen zur Fehlerermittlung entfällt. Die Kosten für

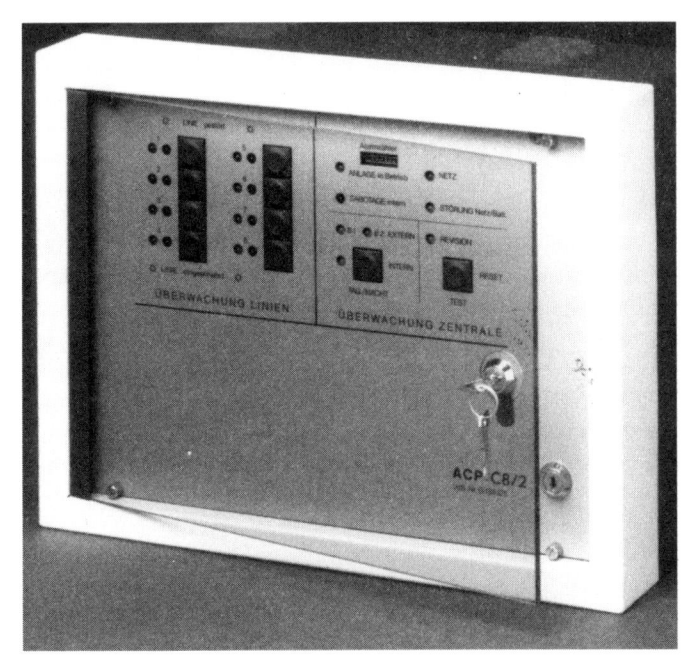

Bild 5.4 Zentralen können ganz unterschiedlich aussehen (Bild: Bosch, eff-eff und Arrowhead)

5 Alarmzentralen und Schalteinrichtungen

zu Bild 5.4

Serviceeinsätze können um ca. 70 % – 80 % gesenkt werden. Die zuletzt beschriebene Technik wird heute bereits in kleineren Zentralen für den Privatbereich eingesetzt.

Einbruchalarme, Überfallalarme und Netzstörungen können von dem Betreiber an der Zentrale oder einem Bedienteil zurückgesetzt werden. Akkustörungen, Mikroprozessorstörungen und Sabotagealarme kann nur der Techniker nach der Reparatur zurücksetzen. Wird eine der oben genannten Störungen angezeigt, kann man die Alarmanlage nicht schärfen. Aus diesem Grund sollte man nur mit Firmen zusammenarbeiten, die einen 24-Stunden-Notdienst haben (*Bild 5.4*).

```
Normbezeichnung:   Zentralen
Kurzzeichen:       Z
Symbol:            [Z]
```

5.2 Energieversorgung

Ohne eine ständige Spannungsversorgung kann auch die beste Alarmanlage nicht funktionieren. Deshalb müssen für eine Alarmanlage zwei voneinander unabhängige Energiequellen vorhanden sein. Eine ist die 230-V-Spannungsversorgung aus dem Stromnetz. Der Anschluss muss fest in einer Verteilerdose oder noch besser direkt aus dem Sicherungskasten erfolgen. Als zweite Energiequelle dürfen nur Akkumulatoren mit einer VdS-Anerkennungsnummer benutzt werden. Der Ladezustand der Akkumulatoren wird von den VdS-Zentralen ständig überwacht. Wird dies nicht beachtet, kann der Akku seine Lebenserwartung von ca. 4 Jahren wegen der ständigen Überladung nicht erreichen. Auf jedem VdS-Akku muss das Herstellungsdatum vermerkt sein. Es steht entweder auf der Unterseite oder auf dem Herstellerschild. Der Akku muss für eine Notstromversorgung von mindestens 60 Stunden berechnet sein.

Bei größeren Anlagen reicht der Akkustauraum innerhalb der Zentrale dafür nicht aus. Falls das Netzteil der Zentrale genügend groß ist, kann mit einem externen Akkugehäuse gearbeitet werden. Die Kabelführung und das Akkugehäuse müssen natürlich auch innerhalb des Sicherungsbereiches liegen und sabotageüberwacht sein.

Es gibt einige Gewerbezentralen, deren Netzteile Akkus von 45 Ah ständig laden können, ohne dass die normale Spannungsversorgung für Zentrale und externe Verbraucher zusammenbricht. Reicht die Ladeleistung des Netzgerätes nicht aus, können zusätzliche VdS-anerkannte Netzgeräte eingesetzt werden. Diese Netzgeräte überwachen genau wie die Zentralen ständig die Akkuladung. Über- und Unterspannungen werden als Störung erkannt und zur Anzeige gebracht. Auch bei diesem Gerät muss der Leitungsweg und das Gehäuse sabotageüberwacht sein. Zweckmäßigerweise installiert man die zusätzlichen Netzgeräte unmittelbar neben der Zentrale. Dadurch werden unnötige Spannungsabfälle durch lange Leitungswege vermieden.

```
Normbezeichnung:   Energieversorgung
Kurzzeichen:       EV
Symbol:            ⊣⊢
```

5.3 Bedienteile

Bedienteile werden zur Internschärfung der Alarmanlage gebraucht. Die Bedienung sollte ausschließlich mit einem Schlüssel möglich sein. Nur so kann ein unbefugtes Ein- oder Ausschalten der Schärfung vermieden werden.

Bedienteile finden meist in weitläufigen Gebäuden Anwendung. Man kann mit ihnen die Zentrale steuern, Meldelinien ein- und ausschalten sowie den Zustand der Zentrale an den Anzeigen ablesen. Außerdem ist die Internalarmierung über den eingebauten Summer möglich. Der gleiche Summer wird auch zur akustischen Störungsanzeige eingesetzt.

Bei Neubauten kann man die relativ große Zentrale in den Keller installieren und zur Steuerung der Alarmanlage mehrere kleine Bedienteile im Haus verteilen. Mit dieser Maßnahme wird auch gleich sichergestellt, dass die Alarmanlage so oft wie möglich eingeschaltet und benutzt wird. Zweckmäßigerweise sollte man dann

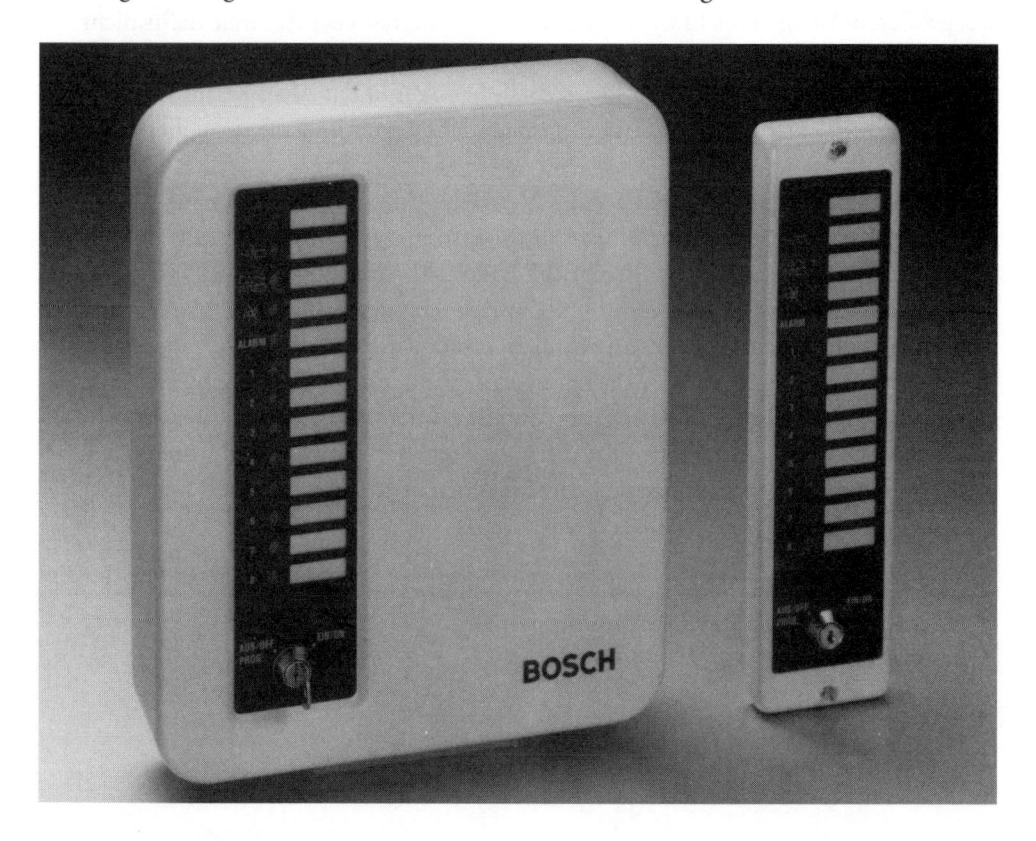

Bild 5.5 Dieses 1,5 cm dicke Bedienteil wird nur über vier Adern angeschlossen (Bild: Bosch)

gleichschließende Zylinder in die Bedienteile und die Zentrale einsetzen. Die Bedienteile können in die Wand eingebaut oder auf die Wand gesetzt werden. Es gibt sie mit nur einer Anzeige, an der man dann ablesen kann, ob die Alarmanlage scharf oder unscharf geschaltet ist. Eine andere Möglichkeit ist die Parallelanzeige aller Zentralenzustände. Bei dieser Lösung muss die Spannungszuführung jeder Anzeigenlampe von der Zentrale bis zu dem Bedienteil übertragen werden. Bei einem nachträglichen Einbau ist es ein Problem, dieses vieladrige Kabel zu verstecken. Als Problemlösung kann man Zentralen einsetzen, bei denen die Bedienteile mit einem vieradrigen Kabel auskommen. Alle Informationen werden dabei digital übertragen (*Bild 5.5*).

Bedienteile dürfen nie als alleinige Scharfschalteinrichtungen für eine Alarmanlage eingesetzt werden, da mit dem Impulskontakt nur eine interne Schärfung erreicht wird. Die Zentrale erkennt anhand der Schärfung, dass sich noch jemand innerhalb des Gebäudes befindet. In einem Alarmfall wird auch nur der interne Alarm ausgelöst. Nur bei einigen VdS-Zentralen ist es möglich, nach Ablauf des internen Alarmes den Außenalarm zu aktivieren.

Normbezeichnung:	Tableau
Kurzzeichen:	TAB
Symbol:	⊗

5.4 Riegelschaltschloss

Riegelschaltschlösser werden als zusätzliche Türschlösser in einem gesonderten Sicherungsbereich (z. B. in Außentüren von Lagerräumen, Garagen oder Büroräumen) eingesetzt, um die Zwangsläufigkeit der Alarmanlage zu erhalten. Für die Schärfung der Alarmanlage müssen zuerst die Riegelschaltschlösser geschlossen werden. Zufälliges Absperren eines solchen Schlosses darf trotz ausgelöster Meldelinie keinen Außenalarm auslösen. Die Schlosstasche ist mit einem Bohrschutz versehen (*Bild 5.6*). Durch die Schließung wird in dem Schloss ein Mikroschalter betätigt, der dann die Schließung für das Hauptschloss freigibt. Wegen dieser Verschaltung darf man das Riegelschaltschloss nur wieder aufschließen, wenn die Hauptschärfung vorher aufgehoben wurde. Mit Scharfschaltanzeigen und Hinweisschildern kann man Fehlalarme vermeiden. Eine Zwangsläufigkeit für die abgesetzten Bereiche kann man viel kostengünstiger mit Riegelschaltkontakten erreichen. Nur wenn ein zusätzlicher Verschluss der Außentüren gefordert wird, sollte man auf die Riegelschaltschlösser zurückgreifen.

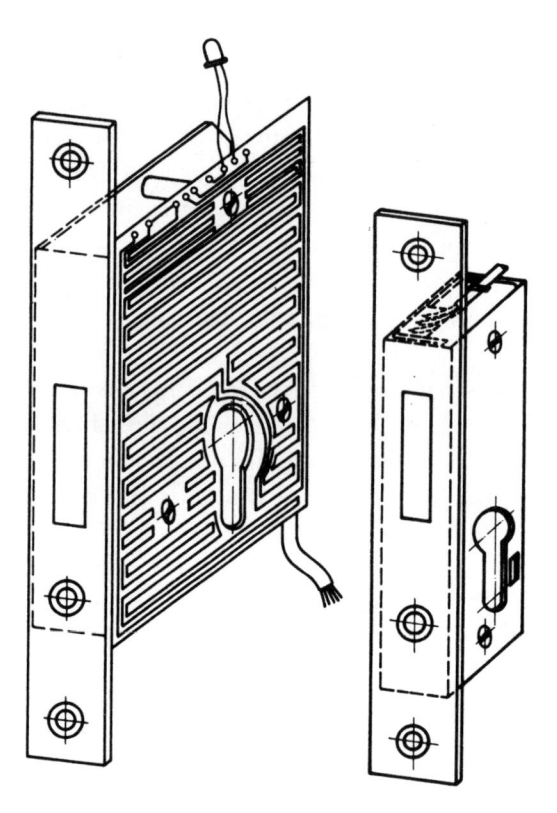

Bild 5.6 Riegelschaltschlösser sollten über einen Bohrschutz verfügen (Bild: eff-eff)

Die Riegelschaltschlösser haben keine VdS-Anerkennung und kommen eigentlich nur bei Billiganlagen als Hauptschärfung zum Einsatz. Allerdings ist der Montageaufwand für die zusätzliche Schlosstasche sehr hoch. Bei einfachen Alarmanlagen ist das Riegelschaltschloss eine preisgünstige Alternative zum Blockschloss. Das Riegelschaltschloss hat einen großen Nachteil, wenn es für die Hauptschärfung einer Alarmanlage eingesetzt wird: Es besitzt bei anstehender Linienanzeige keine Sperrung; man kann es also auch bei gestörter Zentrale schließen und löst damit sofort einen Außenalarm aus. Bei der Entscheidung, ob Block- oder Riegelschaltschloss, sollte man mit der Vergesslichkeit der Leute rechnen und daran denken, dass häufige Fehlalarme eine Anlage unglaubwürdig machen.

5.5 Blockschloss

Blockschlösser sind in den Klassen Hausrat- und Gewerberisiko (neu in den Klassen B und C) zur Hauptschärfung einer Alarmanlage einzusetzen. Sie lösen immer die Scharfschaltung aller Meldelinien an der Alarmzentrale bei der Abwesenheitssicherung (Externschärfung) aus. Auch eventuell vorhandene Bewegungsmelder, deren Meldelinien für die Internschärfung ausgeschaltet sind, werden automatisch mit aktiviert.

Dieses Schloss verhindert mit einer elektomechanischen Sperreinrichtung die Schließung, wenn an der Alarmzentrale eine Störung ansteht oder man vergessen hat, ein überwachtes Fenster zu schließen. Durch diesen Zwang kann man sicher sein, dass eine Alarmanlage in Ordnung ist, wenn das Blockschloss zu schließen ist. Sind bei einer Alarmzentrale alle Meldelinien in ihrem Ruhezustand und werden keine Störungen angezeigt, wird die Blockschloss-Spule geschaltet. Diese Spule entwickelt ein Magnetfeld und zieht damit einen Sperrstift aus dem Schließmechanismus. Durch diesen Vorgang wird die Schließung freigegeben, und man kann den Schlüssel ganz normal herumdrehen. Wie bei einem üblichen Schloss bringt der Schließriegel einen zusätzlichen Verschluss der Tür.

Neben der elektromechanischen Sperreinrichtung sind in einem Blockschloss auf einer Platine noch mehrere Mikroschalter eingebaut. Nach der ersten Vierteldrehung des Schlüssels wird mit dem ersten Schalter die Spannung zur Spule geschaltet. Durch diesen Schalter verhindert man ein ständiges Ein- und Ausschalten dieser Spule, z. B. beim Öffnen und Schließen von überwachten Fenstern und Türen. Erst wenn über den ersten Mikroschalter die Spule mit der 12-V-Gleichspannung versorgt wurde, kann man den Schlüssel weiterdrehen. Der zweite Mikroschalter ist für die Scharf- und Unscharfschaltung der Zentrale zuständig. Mit ihm werden die Widerstands- und Brückenschaltungen vorgenommen. Bei Zylinderschlössern überwacht ein dritter Mikroschalter den Zylinder. Eine mutwillige Entfernung des Zylinders bedingt einen sofortigen Sabotagealarm. Bei Doppel- oder Kreuzbartschließungen ist kein zusätzlicher Schließmechanismus erforderlich. Alle Blockschlossgehäuse sind mit Bohrschutzfolien und Mikroschaltern gegen unbefugtes Öffnen und Aufbohren gesichert. Durch die vielen kleinen Mikroschalter muss man bei der Montage darauf achten, dass das Schloss nicht mit Gewalt in die Schlosstasche eingesetzt wird und dass die Tür nicht bei Durchzug zuknallen kann. Ganz wichtig ist dies bei häufig benutzten Türen, wie z. B. Werkstatt-Türen, Bürotüren oder Geschäftseingängen. Durch häufiges Zuschlagen der Tür werden die Mikroschalter sehr schnell in Mitleidenschaft gezogen. Dies geschieht nicht sofort und auch nicht nach einem halben Jahr. Meistens treten solche Fehler nach ein bis zwei Jahren auf, wenn die Garantie abgelaufen ist. Die ca. ¤ 350.- teure Reparatur muss dann der Betreiber der Anlage bezahlen.

Seit einiger Zeit ist ein Blockschloss mit schalterloser Überwachung auf dem Sicherheitsmarkt. Hier wird die Schaltung und die Überwachung mit Magneten und Spulen vorgenommen. Jeder Schaltvorgang bewegt einen Magneten. Dadurch wird in den fest eingebauten Spulen ein Stromfluss hervorgerufen, welcher von einer entsprechenden elektronischen Schaltung zentralengerecht verarbeitet wird.

Blockschlösser dürfen nicht als alleinige Schlösser in eine Tür eingebaut werden. Durch die beschriebenen zusätzlichen Einrichtungen sind sie nie so stabil wie normale Schlösser. Blockschlösser dürfen außerdem auch nie von innen zu schließen sein. Für Zylinderschlösser bieten einige Hersteller VdS-geprüfte Zylinder an. Da es mit der Kernziehmethode möglich ist, den nicht überwachten Zylinderkern zu entfernen, um dann das Schloss mit einem speziellen Steckschlüssel zu öffnen, müssen für die Zylinder entsprechende Schutzvorrichtungen angebracht werden. Diese sind teilweise sehr klobig und unschön. Besser ist es, auf Schlösser mit Doppel- oder Kreuzbartschließung auszuweichen (*Bild 5.7*). Bei ihnen ist die Schließung fest mit dem Schloss verbunden, und jede Manipulation wird sofort als Störung erkannt. Da für die Schlüssel nur Rund- oder Langlöcher benötigt werden, ist der Einbau auch nicht so zeitaufwändig. Rechnet man alle Vorteile zusammen, ist ein Schloss mit einer Doppelbartschließung um ¤ 100.- bis ¤ 200.- billiger als die anderen Schlösser.

Für die neue Sicherungsklasse A gibt es ein Blockschloss, das anstelle eines normalen Türschlosses eingebaut werden darf. Natürlich ist es möglich, dieses Schloss auch von innen zu schließen. Wird der Schlüssel nur einmal herumgedreht, ist die Alarmanlage noch nicht eingeschaltet. Erst nach der zweiten Drehung erfolgt die Schärfung. Dreht man den Schlüssel versehentlich zweimal herum, löst man selber einen Außenalarm aus, wenn man ein Fenster öffnet oder einen Bewegungsmelder aktiviert.

Normbezeichnung:	Blockschloss
Kurzzeichen:	SM
Symbol:	🔒

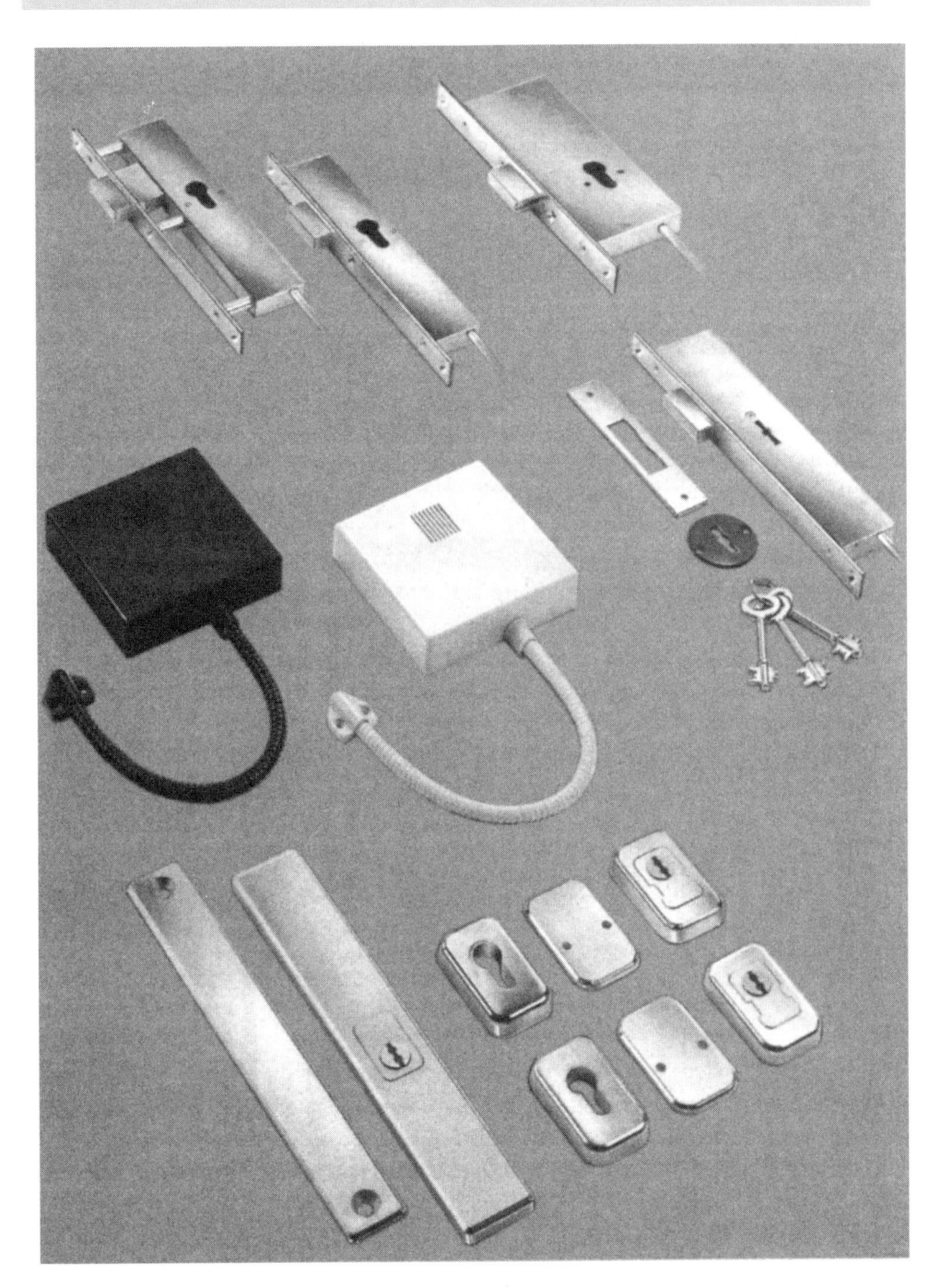

Bild 5.7 Blockschlossprogramm mit Sicherheitsrosetten und Verteilern (Bild: eff-eff)

5.6 Motorblockschloss

Ist es bei einer Hausrat- oder Gewerbeversicherung erforderlich, die Externschärfung von mehr als einer Tür zu realisieren, muss man Motorblockschlösser einsetzen.

Meistens erfolgt der Einbau dieser Schlösser in Alarmanlagen mit hohen Sicherheitsanforderungen. Auch Häuser mit direktem Garagenzugang bieten sich dafür an. Ein solches Haus kann dann wahlweise durch die Garage oder durch die Haustür betreten oder verlassen werden.

In Hochsicherheitsanlagen, z. B. in Museen, Industrieanlagen oder Forschungslabors, ist es üblich, durch Wachleute Kontrollgänge durchführen zu lassen. Die Wachleute betreten das Gebäude durch eine bestimmte Tür und verlassen es wiedurch eine andere. An beiden Türen muss die Möglichkeit der Schärfung bzw. Entschärfung gegeben sein. Mit zusätzlichen Kartenlesern oder Türcodegeräten kann man feststellen, welcher Mitarbeiter wann und wo das Gebäude betreten oder verlassen hat.

Die Scharf- oder Unscharfschaltung wird entweder manuell über den Schlosszylinder oder automatisch mittels Kartenleser oder Türcodeeinrichtung vorgenommem. Durch die Anwendung einer dieser drei Möglichkeiten können beide Schlösser sofort ent- oder verriegeln. Eine zentrale Steuereinrichtung überwacht die jeweiligen Schaltzustände der Motorriegel. Bei Bedarf kann man diese auch über Anzeigetableaus sichtbar machen.

Eine Schärfung mit Motorblockschlössern ist äußerst kostspielig und lohnt sich eigentlich nur für Hochsicherungsbereiche. Da die Motoren nur sehr klein sind und eine geringe Leistung haben, können schon leicht verzogene Türen zu Funktionsstörungen fuhren. Daher muss eine solche Anlage ständig gewartet werden.

5.7 Impulsschärfung

Die gleiche Bedeutung, die das Motorblockschloss für die Klassen B und C hat, wird die Impulsschärfung künftig für die Klasse A haben.

Die neue Klasse A erlaubt die Externschärfung einer Alarmanlage in einem Gebäude mit mehreren Zugangstüren über Außenbedienteile. Das neu entwickelte Impulsschärfungssystem kann an alle gängigen Alarmsysteme angeschlossen werden. Die speziell entwickelten Türöffner haben bei der Aktivierung nur einen geringen Stromverbrauch. Außerdem ermöglichen sie eine ständige Überwachung des Türzustandes durch einen integrierten Rückmeldekontakt, der in den Türöff-

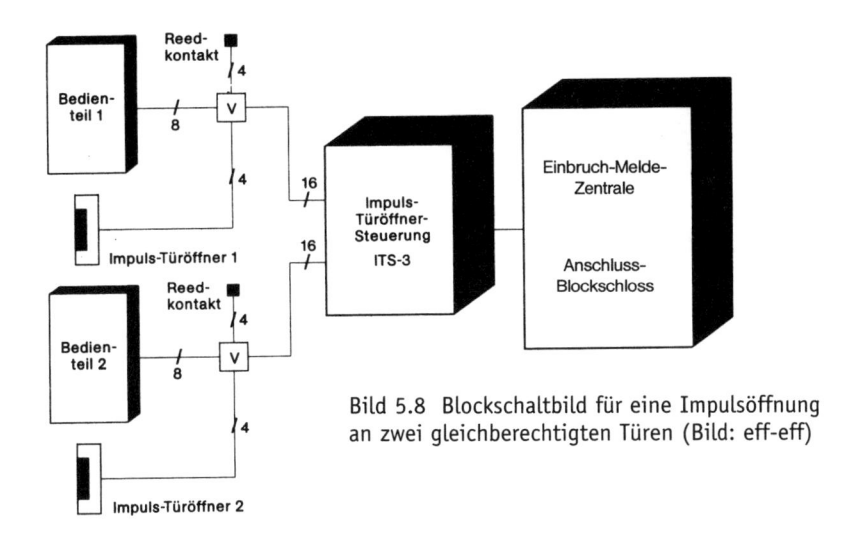

5.7 Impulsschärfung

Bild 5.8 Blockschaltbild für eine Impulsöffnung an zwei gleichberechtigten Türen (Bild: eff-eff)

ner eingebaut ist. Zur Impulsschärfung werden Impulstüröffner, Steuereinrichtungen und Bedienteile benötigt, die eine einzelne oder gleichzeitige Verriegelung von gleichberechtigten Außentüren ermöglichen. Statt der Bedienteile können natürlich auch Türcodegeräte und Kartenleser eingesetzt werden (*Bild 5.8*). Speziell für den Außeneinsatz wurden Außenbedienteile mit integriertem Kernziehschutz entwickelt. Diese aus gehärtetem Stahl gefertigte Abdeckung des Zylinders schützt das bis jetzt schwächste Glied in dem Sicherheitskonzept. Bei den Bedienteilen älterer Bauweise wurde schon der Zylinder mit einem Mikroschalter überwacht. Bei einer neuen Einbruchmethode wird jedoch nicht der ganze Zylinder entfernt, sondern mittels eines speziellen Gerätes nur der bewegliche Kern. Dieses Gerät arbeitet ähnlich wie ein Korkenzieher. Deswegen wird die Einbruchsart auch Korkenziehermethode genannt. Die neuartige Stahlabdeckung mit einer beweglichen Mittelplatte verhindert ein Entfernen des Zylindekerns.

Wird die Alarmanlage mittels Impulsschärfung scharfgeschaltet, bekommt man ein optisches oder akustisches Quittiersignal, wie es auch bei einer Blockschlossschärfung erfolgen muss. Gleichzeitig werden alle Außentüren verriegelt. Die Schärfung kann aber erst erfolgen, wenn durch die integrierten Rückmeldekontakte der Zentrale signalisiert wird, dass alle Türen geschlossen sind. Die Außentüren können erst nach der Entschärfung wieder geöffnet werden.

Normbezeichnung:	Elektromagnetischer Türöffner
Symbol:	 ⌂⊿

5.8 Türcodeeinrichtungen

Wie schon mehrfach erwähnt, können neben Bedienteilen auch Türcodeeinrichtungen zur Scharf- oder Unscharfschaltung einer Alarmanlage benutzt werden. Für jeden Schaltvorgang wird eine bestimmte Zahlenfolge in die Tastatur eingetippt. Bei sehr guten Geräten kann man mit unterschiedlichen Zahlenkombinationen verschiedene Funktionen steuern, z. B. eine Zahl zur Steuerung der Alarmanlage, eine zweite Zahl zur sofortigen Alarmauslösung (*Bild 5.9*).

Bild 5.9 Flexibles Türcode-Steuersystem (Foto: Hirschmann)

Eine andere Einsatzmöglichkeit dieser Geräte wird häufig in Banken angewandt. Dort werden oft die Zutrittstüren zu den Tresorräumen über solche Türcodegeräte gesteuert. Bei einem Überfall kann der Bankangestellte mit einer speziellen Codenummer zwar auch die Tür öffnen, es wird aber gleichzeitig bei der Polizei ein Alarm ausgelöst. Durch diesen Notcode kann der Bankangestellte die Polizei rufen, ohne sich zu gefährden.

Bei großen Sicherheitsrisiken kommen Türcodegeräte zusätzlich zu einem Blockschloss zum Einsatz. Es muss erst eine Zahl eingegeben werden, ehe man die Tür mit dem Schlüssel öffnen kann. Aus diesem Grund wird das Gerät auch manchmal „geistige Schalteinrichtung" genannt. Die Tastaturen gibt es als Auf- oder Unterputzgeräte für den Innen- oder Außeneinsatz.

Bei häufiger Benutzung kann man sehr schnell erkennen, welche Zahlen in die Tastatur eingetippt werden müssen. Die Farbe wird abgerieben oder die Zahlen verschmutzen. Da die meisten Geräte nur eine Vier- oder Fünfzahlenfolge zulassen, ist das Herausfinden der richtigen Zahlenfolge durch einfaches Probieren kein Problem. Zur Abhilfe wäre es möglich, die Zahlenfolge ständig zu ändern oder eine Tastatur auszuwählen, die nach der zweiten verkehrten Zahl die Tasten sperrt und einen Alarm weitergibt.

```
Normbezeichnung:   Geistige Schalteinrichtung
Kurzzeichen:       SG
Symbol:            ⊕
```

5.9 Kartenleser

Auch mit Kartenlesern kann man elektrische Türöfmer ansteuern oder Alarmanlagen bedienen. Die Karten und die Leser gibt es in drei verschiedenen Ausführungen. Bei den Magnetkarten wird auf eine Plastikkarte ein Magnetstreifen aufgeklebt oder in diese eingegossen, der alle wichtigen Informationen enthält. Diese recht preiswerte Lösung hat den Nachteil, dass starke Fremdmagnetfelder, Knickstellen oder Verschmutzungen die Information verfälschen und die Karte unbrauchbar machen.
So genannte Wiegandkarten haben die Informationen in Form von eingelegten Metallfäden gespeichert. Diese Fäden werden von dem Kartenleser genau so verarbeitet, wie es auch die Scannerkassen bei einem Balkencode an den Etiketten tun.
Mit Kartenlesern, die an eine Computeranlage angeschlossen sind, kann man eine genaue Betriebsdatenerfassung ermöglichen. Arbeitszeiten können exakt festgehalten werden. Durch die vorherige Eingabe von Urlaubs- und Feiertagen kann die Lohnbuchhaltung in ihrem Arbeitsaufwand stark entlastet werden.

5.10 Schärfen mit Codic

Vor einiger Zeit ist das von der Firma Codic entwickelte Scharfschaltsystem vom Verband der Sachversicherer zugelassen worden. Der VdS hat je nach Ausführung eine VdS-Nummer bis Klasse B und eine zweite Nummer für die Klasse C vergeben.
Bei herkömmlichen Scharfschaltschlössern mussten separate Schlosstaschen in die Tür eingelassen werden. Mit der Systemlösung von Codic verbleibt das vorhan-

So einfach ist die CODIC-Lösung:

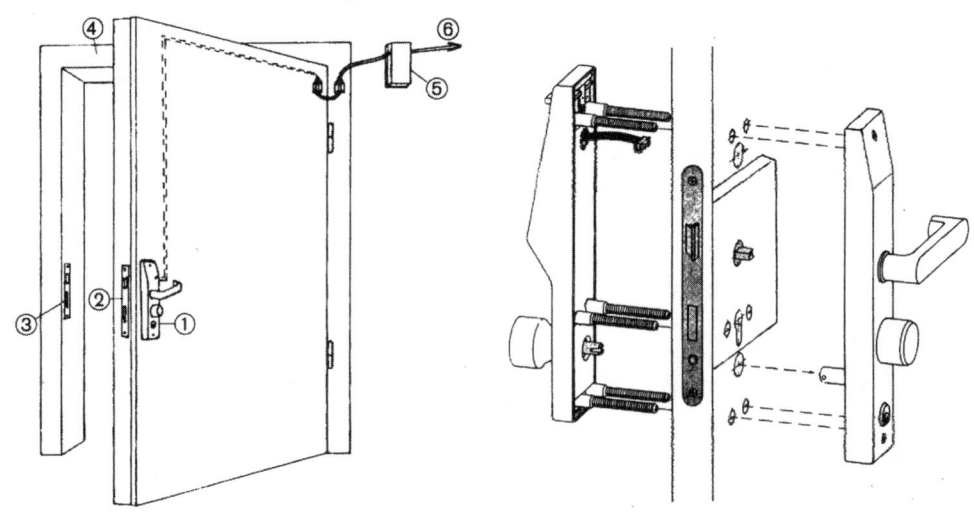

Bild 5.10 Einbau der Codic-Schärfung (Bild: Codic)

dene Schloss in der Tür. Mit einer Schablone werden sechs Löcher in das Türblatt gebohrt und die Einheit von Codic auf das normale Türschloss aufgesetzt (*Bild 5.10*). Das System von Codic kann sowohl bei Einfachschlössern als auch bei Schlössern mit Mehrfachverriegelung eingesetzt werden.

Neben der schnellen und problemlosen Montage ist die variable Schärfungsmöglichkeit ein zweiter großer Vorteil dieses Systems. Mit Codic kann man entweder die Bedienung des Schlosses mit einem codierten Schlüssel oder ausschließlich mit einem Zahlen- oder Nummerncode oder mit einer Kombination von beidem freigeben bzw. sperren. Gleichzeitig wird die angeschlossene Alarmanlage entweder geschärft oder entschärft.

Eine Abdeckung schützt das Tastenfeld. Diese Abdeckung hat aber noch andere Funktionen. Zum einen ist erst bei geöffneter Klappe eine Bedienung des Schlosses möglich, zum anderen reinigt die eingebaute Bürste das Tastenfeld bei jeder Schlossbetätigung. Mit diesem einfachen Hilfsmittel wird eine ungleichmäßige Abnützung oder Verschmutzung des Tastenfeldes verhindert. Unberechtigte Personen können den Zahlencode nicht nachvollziehen.

Ein weiterer Vorteil ist die mechanische Festigkeit des Codic-Systems. An der Außenseite sind nur die Bedienungseinheiten angebracht. Der Mikroprozessor, die Koppeleinheit und die Batterie befinden sich in dem Sicherheitslangschild auf der Innenseite der Tür. Nach erfolgter Bedienung trennt die Koppeleinheit den außen

5.10 Schärfen mit Codic

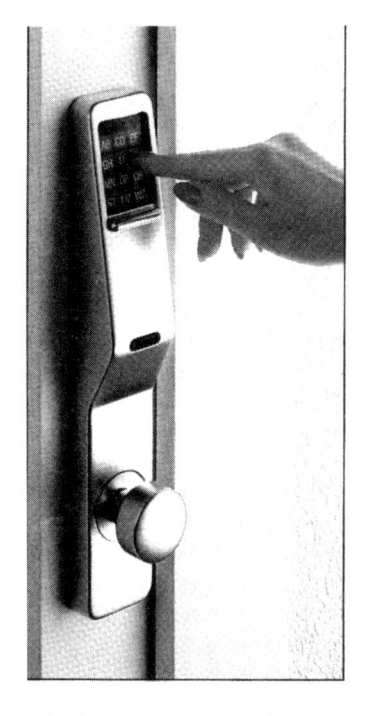

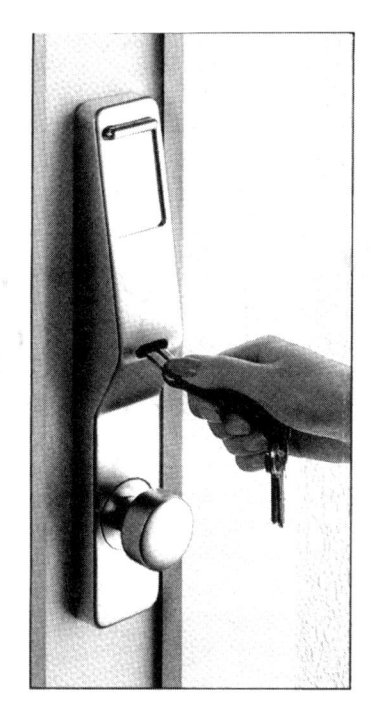

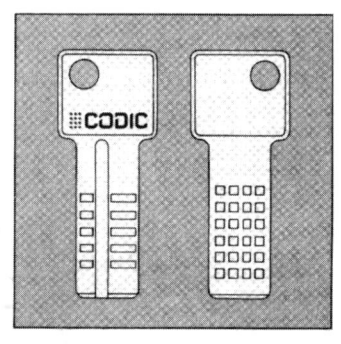

Bild 5.11 Bedienfeld, Schlüssel

liegenden Drehknauf des Türschlosses. Der Drehknauf ist dann um 360° drehbar, rastet aber nicht ein (*Bild 5.11*).
Der komplexe Aufbau des Codic-Systems ermöglicht nicht nur die Schaffung der Alarmanlage einer Tür, sondern die gleichberechtigte Schärfung mehrerer Türen. Man kann das mit den Motorblockschlössern oder mit der Impulsschärfung vergleichen. Die Verdrahtung und der Arbeitsaufwand ist mit dem Codic-System erheblich geringer. Gleichzeitig mit dem Schärfen oder Entschärfen kann man mit ihm auch eine Zutrittskontrolle realisieren. Mit einer entsprechenden Schnittstelle wird jede Schlüssel- oder Codewortbetätigung protokolliert und in einem Speicher hinterlegt. Wenn jeder Mitarbeiter mit seinem Namen, seinem Schlüssel und seiner Codenummer in den Speicher eingegeben wurde, kann man feststellen, wer an welchem Tag und zu welcher Zeit den Scharfschaltbereich betreten hat. Ein weiterer Vorteil ist die freie Programmierbarkeit des Systems. Wenn der Schlüssel verloren oder gestohlen wurde, ist dies nicht schlimm. Bei einem normalen Blockschloss müsste der Zylinder ausgetauscht werden, da man mit dem Schlüssel die Alarmanlage entschärfen kann. Wenn der Zylinder noch zu einer Schließanlage gehört, wäre dies doppelt ärgerlich und sehr kostenintensiv.

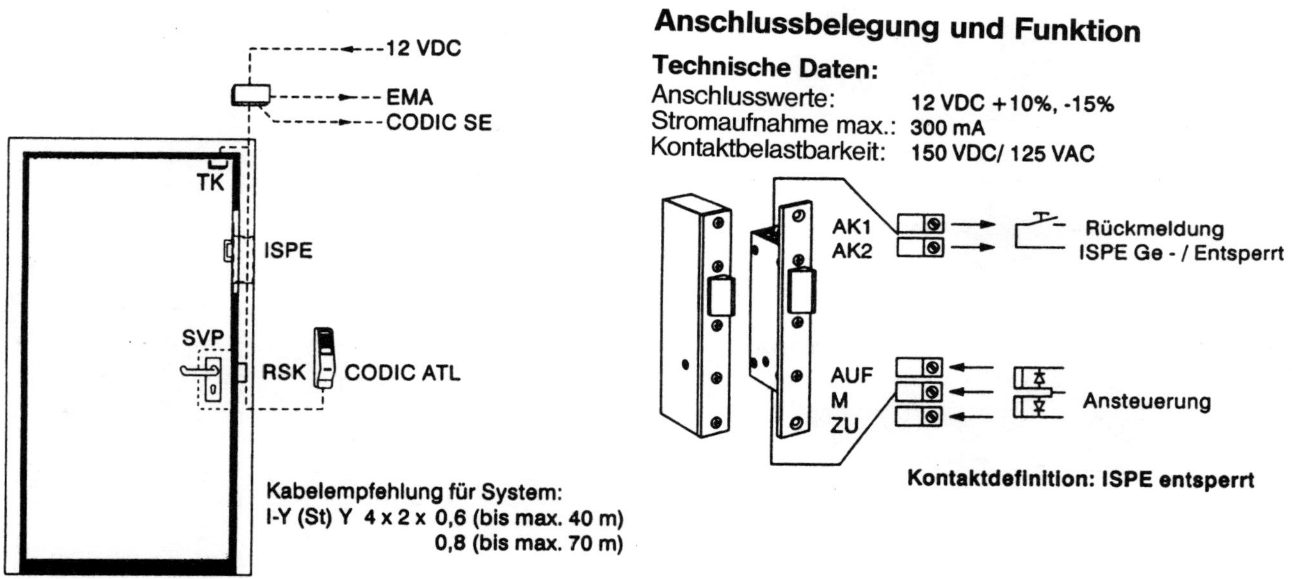

5 Alarmzentralen und Schalteinrichtungen

Anschlussbelegung und Funktion

Technische Daten:

Anschlusswerte: 12 VDC +10%, -15%
Stromaufnahme max.: 300 mA
Kontaktbelastbarkeit: 150 VDC/ 125 VAC

AK1, AK2: Rückmeldung ISPE Ge- / Entsperrt

AUF, M, ZU: Ansteuerung

Kontaktdefinition: ISPE entsperrt

Kabelempfehlung für System:
I-Y (St) Y 4 x 2 x 0,6 (bis max. 40 m)
0,8 (bis max. 70 m)

Bild 5.12 Impulssperrelement (Bild: Codic)

5.10 Schärfen mit Codic

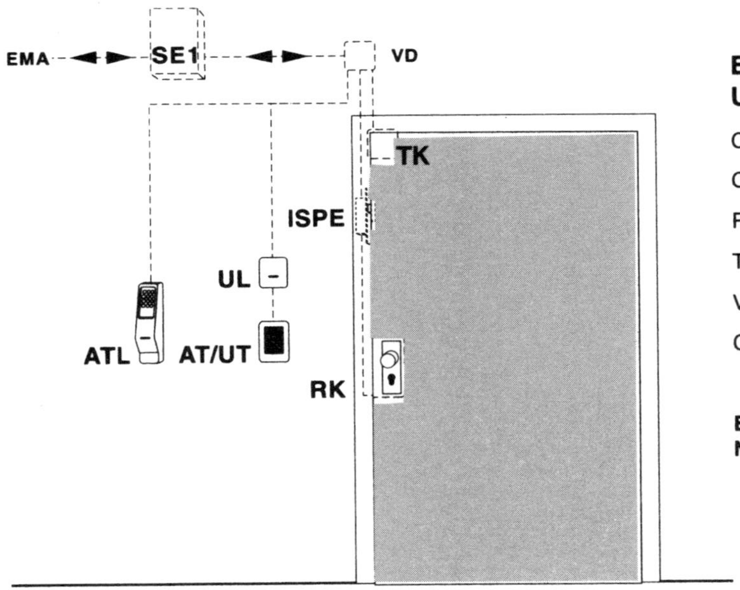

Einfache Montage auf der Wand oder als Unterputz

CODIC UL, CODIC AT, CODIC UT, CODIC ATL Wandmodelle
CODIC ISPE Impulssperrelement
Riegelschaltkontakt RK
Türkontakt TK
Verteilerdose VD
CODIC SE1 Schalteinrichtung

Bei Einsatz von CODIC AT/UT nur zugelassen in VdS-Klasse A Nr. G 196731.

Systembeispiel:

Bild 5.13 Einsatzmöglichkeiten für die Wandmodelle (Bild: Codoc)

5 Alarmzentralen und Schalteinrichtungen

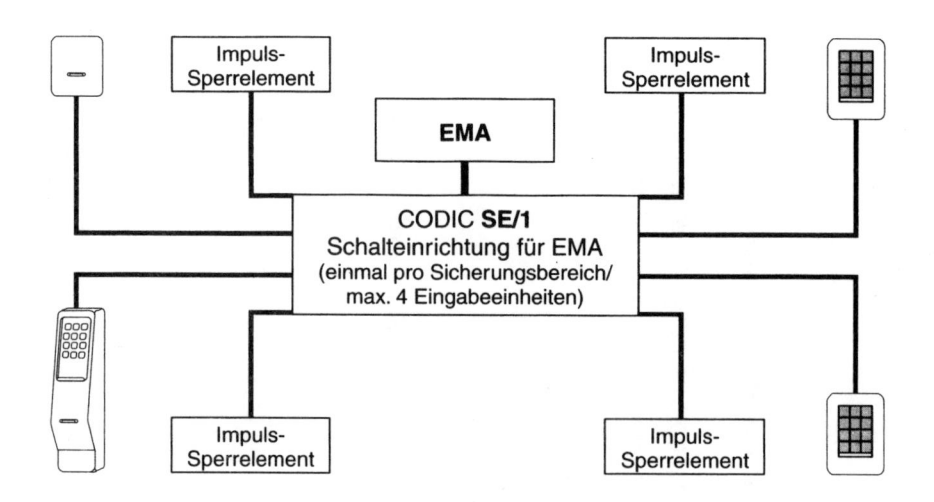

Bild 5.14 Vier Zugangstüren für einen Sicherungsbereich (Bild Codic)

Beim Codic-System benötigt man neben dem Schlüssel auch noch das richtige Codewort. Außerdem kann die Schließberechtigung für den Schlüssel umprogrammiert werden.
Neben dem Türbeschlag hat die Fa. Codic ebenfalls ein Wandmodul, eine separate Tastatur in Auf- oder Unterputzversion und einen Unterputz-Schlüsselleser entwickelt. Zur Erhaltung der Zwangsläufigkeit – die Außentüren müssen bei geschärfter Alarmanlage geschlossen bleiben – gibt es das bistabile, impulsgesteuerte Sperrelement. Mit dem Sperrelement werden die Türen elektronisch verriegelt. Die uP-Tastatur und der uP-Schlüsselleser können in handelsübliche uP-Einbaudosen eingesetzt werden. In Verbindung mit dem elektronischen Sperrelement ist die Tastatur für die Sicherungsklasse A zugelassen. Der Schlüsselleser und das Wandmodul mit Schlüsselleser und Tastatur sind in Verbindung mit dem Sperrelement und der richtigen Auswerteeinheit bis zur Klasse C zugelassen.
Der gemixte Einsatz der Geräte untereinander, auch in Verbindung mit einem Türbeschlag, ist ebenfalls möglich.

5.11 Elektronischer Zylinder

Bei den bisher vorgestellten Schärfungsmöglichkeiten für Einbruchmeldeanlagen waren immer zusätzliche Schlösser oder Bedienteile erforderlich. Durch den neu entwickelten elektronischen Blockzylinder ist dies nicht mehr der Fall. Der elektronische Blockzylinder wird einfach gegen den vorhandenen Türzylinder ausgetauscht und über eine vieradrige Busleitung mit der Auswerteeinheit verbunden (*Bild 5.15*). Mit dem elektronischen Zylinder kann pro Sicherungsbereich eine Vernetzung von bis zu 8 Türen realisiert werden.

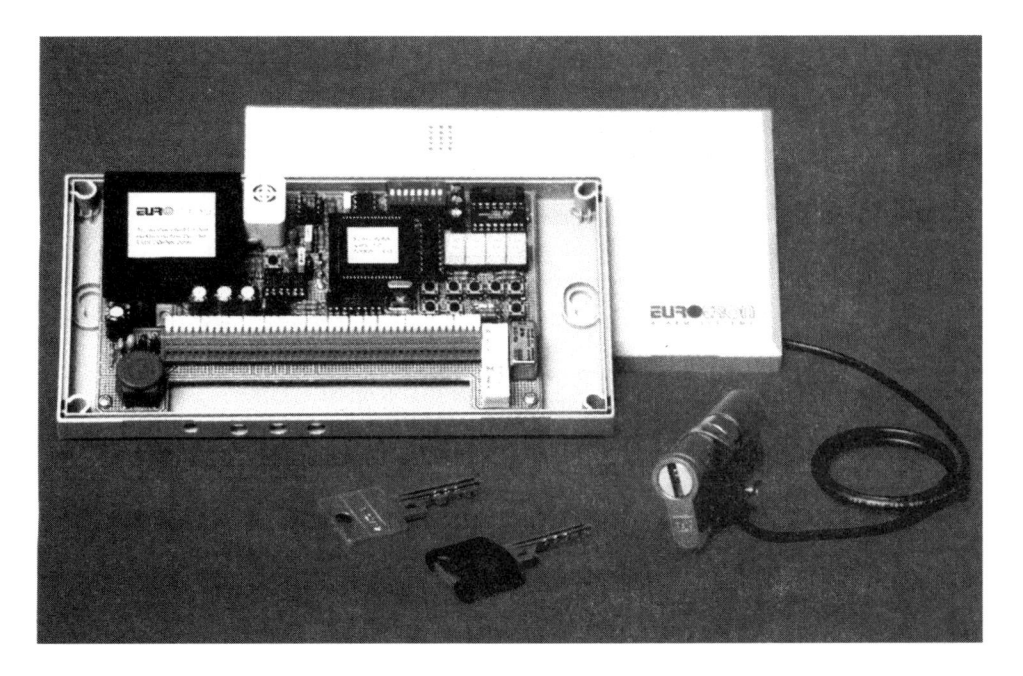

Bild 5.15 Elektronischer Blockzylinder (Bild: Eurotron)

Der Zylinder bietet zwei unterschiedliche Schließmöglichkeiten. Mit normalen Schlüsseln kann der Elektronikzylinder wie jeder andere Zylinder betätigt werden. Bei geschärfter Alarmanlage ist der normale Schlüssel allerdings gesperrt. Erst mit einem richtig programmierten Elektronikschlüssel ist die Entschärfung der Alarmanlage bei gleichzeitiger Türöffnung möglich. Der Vorteil bei dieser Schärfungs-/ Entschärfungsmöglichkeit für Alarmanlagen ist die unauffällige Montage der Bauteile. Zusätzliche Schlosstaschen für Blockschlösser oder augenfällige Türbeschläge wie beim Codic-Schloss entfallen. Auch mit diesem System können unterschiedliche Berechtigungsebenen vorgegeben werden. Das sofortige Sperren eines Schlüssels lässt sich problemlos durchführen. Eine Speicherung der Schlüsselbetätigungen und ein Ausdruck des Hintergrundspeichers sind ebenfalls möglich. Das System ist vom VdS bis zur Klasse C anerkannt.

Alarmierungs- Einrichtungen 6

Der Einsatz einer Alarmanlage ist nur sinnvoll, wenn der Alarm erkannt wird. Das Erreichen hilfeleistender Stellen (z. B. die Polizei) muss bei Alarmauslösung gewährleistet sein.
Sirenen und Blitzlampen können Nachbarn und Passanten alarmieren und aktivieren. Automatische Telefonwählgeräte schalten den Alarm zu Wach- und Sicherheitsunternehmen oder zu Freunden. Zusätzliche Halogenstrahler stellen eine sinnvolle Ergänzung zur Außenalarmierung und zum stillen Alarm dar und dienen der optischen Anzeige eines Alarmes.

6.1 Akustische Alarmierung

Akustische Signalgeber können Sirenen, Summer oder auch Motorsirenen sein. Bei der Außenmontage müssen der Leitungsweg und das Gehäuse sabotageüberwacht sein. Außerdem ist durch die Wahl des Montageortes sicherzustellen, dass die Sirenen für jeden Einbrecher unerreichbar sind. Laut VdS-Vorschrift liegt die Mindestmontagehöhe der Sirenen bei drei Metern über dem begehbaren Erdboden. Ein guter und sicherer Platz für die Sirene ist eine glatte Hauswand im ersten oder zweiten Stock oder der Antennenmast. Eine andere Möglichkeit ist die Montage in einem Kellerschacht, der mit einem gesicherten Gitterrost abgedeckt ist. Natürlich darf dieser Kellerschacht durch Pflanzenbewuchs den Schall nicht zu stark abdämpfen.
Jede VdS-anerkannte Sirene muss mit einem doppelten Schutzgehäuse versehen sein (*Bild 6.1*). Die Schallaustrittschlitze des inneren Gehäuses liegen versetzt zu den äußeren. Dadurch ist es unmöglich, das Sirenengehäuse mit PU-Schaum auszuschäumen. Als weiter Sicherungsmaßnahme müssen zwei – untereinander nicht einsehbare – Sirenen montiert werden. Bei nur einer Außensirene kann ein Einbrecher durch ihre Zerstörung die ganze Außenalarmierung lahmlegen. Das Anschlusskabel darf nicht offen über die Außenwand verlegt werden. Am sichersten ist es, wenn der Mauerdurchbruch für das Kabel so nach außen gebohrt wird, dass

Bild 6.1 Sirenenschutzgehäuse mit doppelter Innenwand (Bild: eff-eff)

dieses direkt in das Sirenengehäuse hineinführt. Wenn eine solche Möglichkeit ausfällt, muss man das Kabel mit einem Stahlpanzerrohr über die Außenwand verlegen.

Die meisten Menschen kennen die großen grauen Sirenengehäuse, die man oft in Verbindung mit einer Blitzlampe an den Häuserwänden sieht. Diese hässlichen grauen Kisten mögen in einem Gewerbegebiet ihre Berechtigung haben. An Privathäusern wirken sie deplatziert und störend. Für einen solchen Anwendungsfall haben einige Hersteller Sirenen in ihrem Programm, die um zwei Drittel kleiner, aber genau so laut sind. Sie tragen meistens eine hellbeige oder weiße Lackierung. Durch die kleine Bauform besteht die Möglichkeit, die Sirenen neben Dachrinnen, unter Dachvorbauten oder in Kellerschächten zu verstecken.

Zur Internalarmierung benutzt man meistens Intervallsummer. Die Summer werden auch bei Störungen und Sabotagealarm bei unscharfer Alarmanlage aktiviert. Für große Werkshallen bieten sich die sehr lauten Motorsirenen als Alarmierung an. Nur die Motorsirenen benötigen eine 230-V-Spannungs-Versorgung. Alle anderen Sirenen werden mit 12 V direkt von der Alarmzentrale gespeist.

Nach den VdS-Richtlinien dürfen Sirenenalarme maximal drei Minuten dauern. Eine Alarmwiederholung bei einer Störung in der Alarmanlage darf nicht erfolgen. Es ist schon vorgekommen, dass die Feuerwehr Sirenen, die ohne Zeitsteuerung liefen, mit der großen Axt abgeschlagen hat. Solche Einsätze sind kostenpflichtig und ziehen außerdem eine Anzeige wegen ruhestörenden Lärms nach sich.

Normbezeichnung:	Akustische Signalgeber
Kurzzeichen:	SA
Symbol:	 ⊏◁

6.2 Optische Alarmierung

Zur optischen Alarmierung werden Blitzlampen eingesetzt. Bei Alarmanlagen müssen diese Lampen eine rote Kuppel haben. Im Gegensatz zu den Sirenen muss man die Blitzlampen für jedermann gut sichtbar einbauen. Sie sollen den hilfeleistenden Stellen anzeigen, wo der Einbruch stattgefunden hat. Da durch die Blitzlampen keine Lärmbelästigung zu erwarten ist, dürfen sie so lange eingeschaltet bleiben, bis der Alarm quittiert wird.

Auch die Blitzlampen müssen außerhalb des Handbereiches, d. h. höher als drei Meter, an der Hauswand oder an einem Antennenmast montiert werden. Bei der Blitzlampe spielt die Montagehöhe eine sehr große Rolle, da sie durch Mützen oder Kartons sehr leicht abzudecken ist.

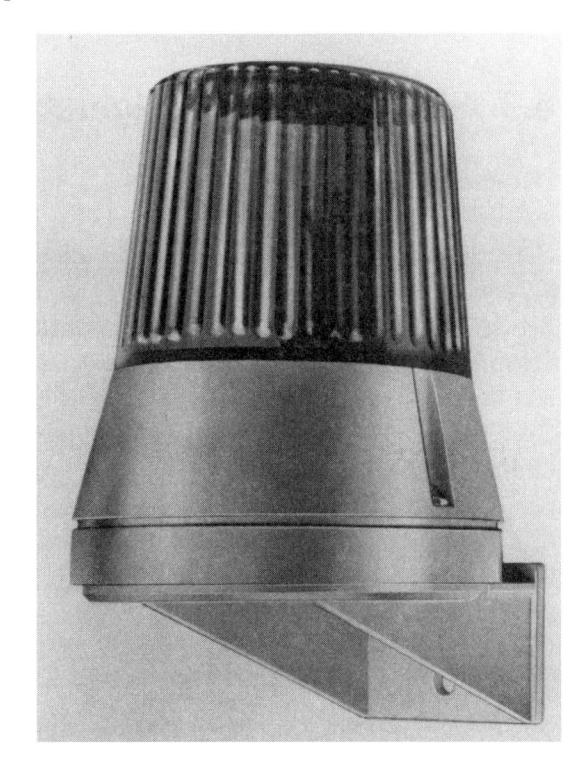

Bild 6.2 Blitzlampe mit Wandhalterung (Bild: eff-eff)

Die Blitzlampen gibt es einmal in Verbindung mit den großen Sirenengehäusen oder als Einzelgeräte mit entsprechender Mast- oder Wandhalterung. Wie bei der Sirene muss die Zuleitung direkt in das Blitzlampengehäuse eingeführt werden. Eine Sabotageüberwachung von Gehäuse und Zuleitung ist selbstverständlich (*Bild 6.2*).

Sollen im Alarmfall der Garten und die Außenfront des Gebäudes hell erleuchtet werden, kann man mit speziellen Lichtschaltrelais die vorhandene Außenbeleuchtung oder zusätzliche Halogenstrahler einschalten. Viele Alarmzentralen haben ein Relais, das wahlweise für die verschiedenen Alarme zu programmieren ist. Mit diesem Relais sollte man nur ein Lastrelais, das über eine 12-V-Spule verfügt, ansteuern. Bei einem Kurzschluss könnte ein direkt angeschlossener 500-W-Strahler die ganze Platine zerstören. Soll das Relais bis zum Zurücksetzen der Alarmanlage eingeschaltet bleiben, muss die Spule für einen Dauerbetrieb ausgelegt sein.

Normbezeichnung:	Optischer Signalgeber
Kurzzeichen:	SO
Symbol:	

6.3 Automatische Wählgeräte

Die automatischen Wählgeräte eignen sich dazu, den Alarm über die vorhandene Telefonleitung einer hilfeleistenden Stelle zu übermitteln. Dies können, je nach Geräteausführung, Privatanschlüsse oder Empfangszentralen bei den Wach- und Sicherheitsunternehmen sein.

Bei der Einrichtung eines solchen Gerätes sind einige Dinge zu beachten. Der Telefonanschluss darf nicht an der Hauswand sitzen. Er muss durch die Erde direkt in das Haus geführt werden. Nur so ist man vor Manipulationen sicher. Da Telefonleitungen gesperrt sind, wenn der Anrufer den Hörer nicht auflegt, sollte nach Möglichkeit für das Wählgerät eine eigene geheime Telefonnummer eingerichtet werden. Bei Nebenstellenanlagen muss sichergestellt sein, dass auch bei einem Totalausfall das Wählgerät noch nach außen wählen kann.

Es gibt zwei verschiedene Arten von Wählgeräten: einmal ein Wählgerät mit einer Sprechverarbeitung und dann das Wählgerät, das nur digitale Impulse überträgt. Das Gerät mit der Sprechverarbeitung wird auch automatisches Wähl- und Ansagegerät oder AWAG genannt. Bei den älteren Ausführungen wird der Text auf ein Tonband gesprochen. Die neueren Geräte haben eine digitale Sprachverarbeitung. Bei beiden muss der Text mit einer gleichmäßigen, nicht zu lauten Stimme ohne lange Pausen aufgesprochen werden. Nach dem Aufsprechen kontrolliert das Gerät die Lautstärke und die Pausen zwischen den Wörtern. Wird etwas als nicht richtig erkannt, ist der ganze Aufsprechvorgang zu wiederholen. Die Telekom erlaubt nur ein Programmieren von vier Rufnummern. In Nebenstellenanlagen darf man bis zu 10 Rufnummern einspeichern. Im Alarmfall werden die eingespeicherten Nummern der Reihe nach angewählt. Wird kein Teilnehmer erreicht, kann der Vorgang bis zu viermal wiederholt werden. Sobald ein Teilnehmer den Hörer abnimmt, wird der Text abgespielt und der Wahlvorgang unterbrochen. Diese Geräte gibt es auch als Zweikanalapparate. Einfache Ausführungen setzen sich nach einem Alarm automatisch zurück. Die besseren Geräte müssen mit einem Quittiersender, den man an den Telefonhörer hält, zurückgesetzt werden. Mit diesem Sender kann man auch Schaltfunktionen auslösen. Bei einer Pumpenüberwachung könnte bei einer bestimmten Hochwassermeldung ein Hilfsaggregat eingeschaltet werden. Nach den neuesten Richtlinien des VdS muss jede Alarmanlage, die nach den Bestimmungen der Klassen A, B oder C gebaut werden soll, den Alarm zu einem anerkannten Wach- und Sicherheitsdienst weiterleiten. Dies kann mit einem digitalen Wählgerät über das Telefonnetz erfolgen. Mit den digitalen Wählgeräten kann eine Alarmierung nur zu einem Wachdienst erfolgen. Sie werden auch als automatische Wähl- und Übertragungsgeräte oder als AWUG bezeichnet. Die Wachdienste haben Empfangszentralen, in denen die digitalen Impulse in einen Klartext umgewandelt werden. Dieser Text wird dann mit Uhrzeit und Datum auf einem Drucker ausgedruckt. Aus ihm kann der Wachmann ablesen, woher der Alarm kam und welche Maßnahmen er ergreifen muss. Die digitalen Wählgeräte werden von den Empfangszentralen zurückgesetzt. Sie haben acht Kanäle, mit denen man die verschiedenen Informationen übertragen kann. Es besteht die Möglichkeit, zwischen Einbruchalarmen, Störmeldungen, Überfallalarmen und Scharf-Unscharf-Meldungen zu unterscheiden. Ein weiterer Vorteil ist die 24-Stunden-Bereitschaft bei den Wachdiensten. Bei Privatanschlüssen weiß man nie, ob jemand zu Hause ist. Außerdem muss hier sichergestellt sein, dass die Telefone nicht für Kinder zugänglich sind, die die Meldung unter Umständen nicht verstehen oder nicht weitergeben.

```
Normbezeichnung:   Automatisches Wählgerät
Kurzzeichen:       DWG
Symbol:            [oo]
```

6.4 Funkalarmierung

Für Personen mit großem Sicherheitsrisiko gibt es die Funkalarmierung, die sofort, auch bei unscharfer Alarmanlage, einen Alarm auslöst. Der Funkempfänger wird dann entweder mit der Alarmanlage oder direkt mit einer Sirene oder einem Wählgerät gekoppelt. Da der Handsender ungefähr die Größe einer Zigarettenschachtel hat, kann man ihn praktisch immer mitnehmen. Solange man sich in der Nähe seines Hauses oder seiner Wohnung aufhält, kann man praktisch sofort Hilfe herbeiholen, wenn etwas passiert.

Eine andere Anwendungsmöglichkeit ist der Altennotruf. Älteren Leuten wird dadurch die Möglichkeit gegeben, sofort Hilfe herbeizurufen. Mit einem speziellen Sender, den sie immer an einer Halskette tragen müssen, können sie durch einfaches Ziehen an dem Gerät den Alarm auslösen. Bei einem Sturz wird nach ein paar Sekunden der Alarm selbsttätig ausgelöst, weil dann der Sender eine waagerechte Position hat. Ein anderes Sendegerät kann wie eine Armbanduhr getragen werden. Durch leichten Druck auf die Deckfläche wird der Sender aktiviert. Die vorgenannten Funkanlagen haben je nach Ausführung und Geländebebauung eine Reichweite zwischen 10 und 500 Metern.

6.5 Tag- oder Türalarmgeräte

Türalarmgeräte dienen speziell der 24-Stunden-Überwachung von Notausgangs- oder Durchgangstüren. Die Geräte kommen überall dort zum Einsatz, wo man eine unkontrollierte Türöffnung sofort detektieren will, z. B. Notausgänge im Kaufhaus (der Kunde soll mit der Ware durch die Kasse gehen und nicht unbemerkt durch den Notausgang verschwinden).

Durchgänge zwischen Verkauf und Lager, Durchgänge zwischen Verkauf und Verwaltung, Notausgänge in Großlagern etc. sind die Sicherheitsschwachstellen. Die Überwachung der Türen erfolgt mittels Magnet-Reed-Kontakten. Jede unberechtigte Türöffnung löst einen sofortigen Alarm aus. Berechtigte Personen haben die Möglichkeit, den Alarm mittels eingebautem Schlüsselschalter zu unterbinden.

Nach jeder Schlüsselbetätigung hat man ca. 10 Sekunden Zeit, die Tür zu öffnen. Wird die Tür nicht geöffnet, ertönt alle 30 Sekunden ein Aufmerksamkeitston. Diese Funktion kann mittels Steckbrücke auch unterdrückt werden. Nach dem Schließen der Tür ist das Türalarmgerät wieder aktiviert. Jede weitere unberechtigte Türöffnung führt automatisch zum Alarm. Auch mit sofortigem Schließen der Tür kann der Alarm nicht abgestellt werden. Erst die Betätigung des Schlüsselschalters unterbricht ihn.

Außer dem eingebauten Schlüsselschalter ist der Anschluss externer Befehlsgeräte möglich, z. B. ein abgesetzter Schlüsselschalter, Kartenleser, Codetastatur etc. Neben der Überwachung der Notausgänge stellen die Türalarmgeräte eine sinnvolle Erweiterung zur Alarmanlage dar. Diese wird erst eingeschaltet, wenn der letzte Mitarbeiter die Räumlichkeiten verlassen hat. Eine Überwachung der Räume nach Geschäftsschluss findet somit erst statt, wenn die Putzfrauen, der Geschäftsführer oder der Kassierer mit Ihrer Arbeit fertig sind. Gerade in diesem Zeitraum ist es in der letzten Zeit immer wieder zu Überfällen gekommen. Die Täter dringen durch die noch nicht gesicherten Außentüren unbemerkt in die Räume ein und überraschen die noch anwesenden Personen. Nur mit sinnvoll platzierten Türalarmgeräten erreicht man eine Senkung der Inventurdifferenzen und außerdem eine drastische Steigerung des Personenschutzes in den oben aufgeführten Zeiten. Moderne Türalarmgeräte können sowohl mit 230 V als auch mit 12 V (DC) betrieben werden. Die Geräte sind immer mit einer eingebauten Sirene ausgestattet und können wahlweise mit einem Blitz versehen werden.

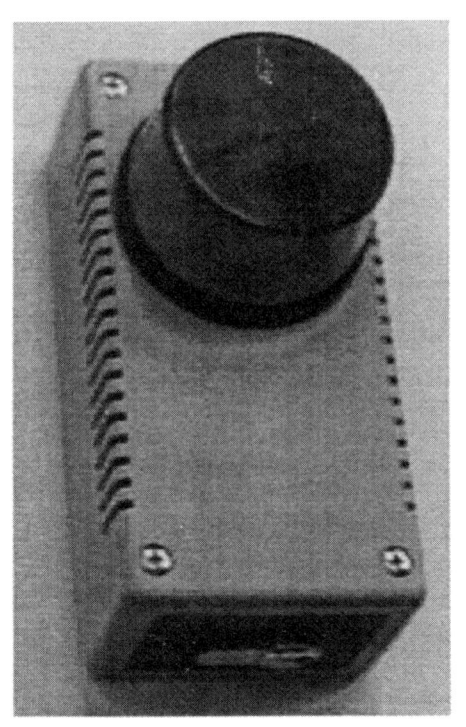

Bild 6.3 Türalarmgerät mit Blitz
(Bild: BWS)

7 Vielfältige Einsatzmöglichkeiten für die Videotechnik im Personen- und Sachschutz

Die Videotechnik ist in modernen Sicherheitsanlagen nicht mehr wegzudenken. Seit Anfang der 50er Jahre des vergangenen Jahrhunderts erobert sich die Videotechnik immer weitere Einsatzfelder in Sicherheitssystemen.

Die ersten in Serie gefertigten Videokameras waren große Ungetüme, die ausschließlich für Fernsehproduktionen eingesetzt wurden. Entsprechend ihrer Größe und Form wurden sie auch Kanonenrohre genannt. Erst mit dem Einsatz der digitalen Bausteine – CCD-Chip statt Röhre – und der dadurch möglichen Verkleinerung der Kameras wurde die Videotechnik auch für Industrie- und Produktionsüberwachungen interessant.

Seit dieser Zeit hat sich die Videotechnik genau so rasant entwickelt wie die Computertechnik. Viele Videosteuerungen und Videospeicher entstammen der Computertechnik und werden mittlerweile genauso häufig eingesetzt.

Durch die sehr kleinen Abmessungen der Kameras fanden sich immer mehr Anwendungen und Einsatzmöglichkeiten. Nicht nur Gewerbebetriebe setzen Videoüberwachungen ein. Auch im Privatbereich ist die Videokamera nicht mehr wegzudenken (*Bild 7.1*).

Bild 7.1 Mögliche Kamerabauformen (Bild: CBC)

7 Vielfältige Einsatzmöglichkeiten für die Videotechnik im Personen- und Sachschutz

Mit den erheblich kleineren Kameras ist eine viel unauffälligere Überwachung möglich. Teilweise besteht die Anforderung, dass die Kamera komplett unsichtbar aufgebaut wird. Diese Überwachungen dienen dann häufig zur verdeckten Täterfeststellung. Dies können Kunden, aber auch Mitarbeiter sein. Kameras versteckt in Türrahmen oder örtlich angepassten Gehäusen (*Bild 7.2*) sind keine Seltenheit. Videokameras eingebaut in Lampengehäuse sind mittlerweile ebenfalls häufig anzutreffen. Durch die kleinen Bauformen ist die Palette der Möglichkeiten, eine Kamera zu verstecken, dem Einfallsreichtum der ausführenden Firma überlassen (*Bild 7.3*).

Bild 7.2 Minikameras in unterschiedlichen Gehäusen; a) als Röhre, geeignet zum Einlassen in Bohrungen D = 16 mm; b) in einer Figur; c) als Bewegungsmelder; d) in einem runden Gehäuse; e) als Rauchmelder; f) in einem Ordner; g) in einem Verteiler; h) in einer Uhr

Bild 7.3 Mini-Funkkamera mit Empfänger und Platinenkameras für unterschiedliche verdeckte Anwendungen. Der Einbau kann in jedes beliebige Gehäuse erfolgen (Bild: CBC und Stepniak)

Da früher die Kameras sehr teuer waren, wurden sehr oft so genannte Schwenk/-Neige-Köpfe eingesetzt, um mit einer Kamera einen möglichst großen Bereich zu visualisieren. Aufgrund der erheblich gesunkenen Kamerakosten macht diese Technik heute nur bei Spezialanwendungen Sinn.

Bis vor kurzem wurden zur Speicherung Videorekorder eingesetzt. Die immer weiter voranschreitende Digitalisierung ermöglicht mittlerweile den relativ kostengünstigen Einsatz von digitalen Speichern. Bei Spezialanwendungen kann die Speichergröße bis in den Terrabyte-Bereich gehen.

7.1 Videokameras

Die Leistungsaufnahme der Videokameras ist mit der Verkleinerung ebenfalls gesunken. Die kleinen Minikameras werden heute mit 9 V oder 12 V Gleichspannung versorgt. Die Leistungsaufnahme liegt zwischen 0,25 und 3 Watt. Die hohe Lebensdauer und die gleichbleibende Bildqualität sind ebenfalls Vorteile gegenüber der Röhrentechnik. Weitere Vorteile sind die Unempfindlichkeit gegen Störfelder und die relative Stoßunempfindlichkeit. Dank gemeinsamer Normen lassen sich die Videokomponenten verschiedener Hersteller miteinander kombinieren. Selbst die Anschlüsse für die Regelobjektive sind mittlerweile genormt.

Dies gilt nicht für so genannte Videosysteme. Diese Billiganlagen können nur mit den eigenen Systemkomponenten betrieben werden. Produkte anderer Hersteller sind nicht kompatibel.

Die Videokomponeten nach der so genannten Industrienorm arbeiten alle mit dem Videosignal 1 V (Spitze/Spitze). Die Anschlüsse sind entweder mit BNC- oder mit Chinch-Verbindungen vorgesehen.

Die zur Zeit gängigen Chipgrößen sind 1/3 Zoll und 1/4 Zoll. Bei Schwarzweiß-Kameras beträgt die maximale Auflösung zur Zeit 560 Linien, bei Farbkameras liegt sie bei 470 Linien.

Die Kamera- und die Standortwahl sind die wichtigsten Kriterien in der Videotechnik. Kameras mit geringer Auflösung liefern keine klaren Linientrennungen. Eine Fläche mit Verbundsteinen wird bei geringer Auflösung als einheitliche graue Fläche dargestellt. Mit einer hohen Auflösung können die Rillen zwischen den Steinen genau abgebildet werden. Gesichtserkennungen sind nur mit hochauflösenden Kameras möglich.

Für Personen- oder Produkterkennungen sollten immer Farbkameras zum Einsatz kommen. Allerdings muss für Farbkameras ungefähr zehn Mal soviel Licht zur Verfügung gestellt werden. Da dies nicht immer möglich ist, haben einige Hersteller so genannte Duokameras entwickelt. Bei guter Beleuchtung liefern diese Kameras ein Farbbild. Wird die Beleuchtung zu schlecht, schaltet die Kamera automatisch auf SW-Betrieb um. Hier kann dann auch mit IR-Beleuchtung gearbeitet werden (*Bild 7.4*).

Bild 7.4 Hochauflösende Farbkamera mit automatischer Umschaltung auf S/W-Betrieb mit integrierter IR-LED-Beleuchtung (Bild: FRS)

Für den Aufbau einer Außenbeobachtung ist es wichtig, die Kameras in Wetterschutzgehäusen unterzubringen. Diese Gehäuse schützen die Kamera nicht nur gegen Feuchtigkeit und Staub. Die eingebaute thermostatgesteuerte Heizung ermöglicht auch den Betrieb bei starken Minustemperaturen (*Bild 7.5*). Außerdem muss bei einer Außenüberwachung auf die Himmelsrichtung geachtet

Bild 7.5 Staub- und Wetterschutzgehäuse für Normal- und Minikameras. Die Gehäuse sind bis zu einer Schutzklasse IP 66 lieferbar (Bilder: Sanyo und Stepniak)

werden. Die tiefstehende auf- oder untergehende Sonne kann durch die sehr starke Blendung eine Videobeobachtung für einige Zeit unmöglich machen. Dies gilt auch für Ladenbeobachtungen. Nach Möglichkeit soll die Kamera nicht direkt in Richtung von Schaufensterscheiben ausgerichtet werden. Besser ist es, wenn die Kamera eventuelle Scheiben im Rücken hat.

Die automatische interne Steuerung der Kameras richtet sich immer nach der hellsten Fläche. Ist diese größer als 1/4 der gesamten Betrachtungsfläche, stellt sich die Kamera automatisch darauf ein. Die umliegenden Bereiche werden automatisch dunkel gesteuert und können am Monitor nicht mehr beobachtet werden.

Bei Torüberwachungen kann diese Vorgabe nicht immer berücksichtigt werden. Bei bestimmten Anwendungen ist es erforderlich, das Nummernschild von Autos zu identifizieren. Soll dies immer möglich sein, muss hierfür eine separate Kamera zum Einsatz kommen. Außerdem ist es wichtig, durch bauliche Maßnahmen den Verkehrsfluss zu regeln, damit die Fahrzeuge möglichst gerade und möglichst immer an der selben Stelle stehen bleiben. Mit der geeigneten Objektivwahl sollte das Nummernschild möglichst groß dargestellt werden. Damit aufgeblendete Fahrzeugscheinwerfer die Kamera nicht zu stark blenden, muss hier Gegenlicht zum Einsatz kommen. Dies können normale Strahler oder auch IR-Strahler sein. Aufgrund der hohen Kosten sollte man IR-Strahler nur auswählen, wenn der Straßenverkehr durch normale Strahler zu stark geblendet wird. Wie in allen Bereichen gibt es auch hier einige Sonderlösungen.

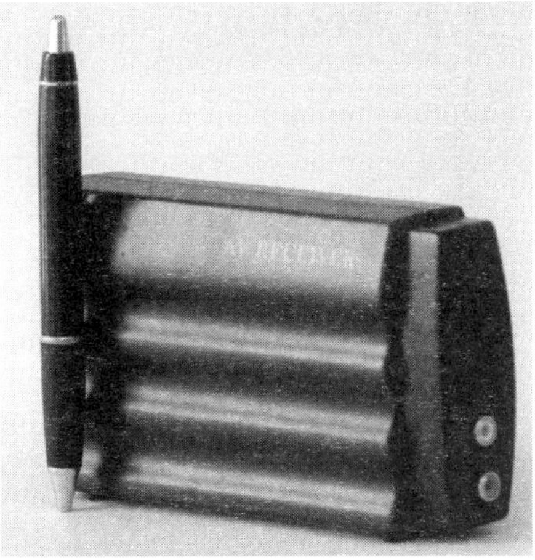

7.1 Videokameras

Links: Bild 7.6 Restlichtkamera hoch auflösend und miniaturisiert (Bild: Stepniak)

Rechts oben:
Bild 7.7 Kugelschreiber-Kamera mit dem Funkempfänger und der eingebauten Richtantenne (Bild: Stepniak)

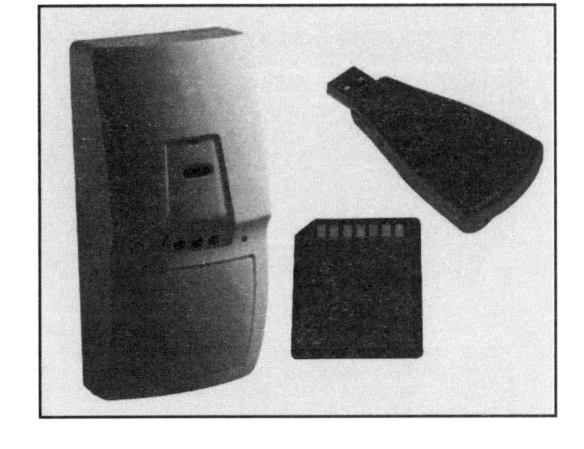

Rechts: Bild 7.8 Kamera im Bewegungsmeldergehäuse mit digitalem Speicher (Bild: Sanyo)

Neben Kameras mit automatischer Farb-SW-Umschaltung gibt es SW-Kameras mit einer Restlichtverstärkung. In einem völlig abgedunkelten Raum reicht eine glühende Zigarette aus, das Gesicht einer Person zu erkennen. Dabei ist die Kamera gerade mal 3,5 mm x 3,5 mm x 2,6 mm groß (*Bild 7.6*).

Als extreme Miniaturisierung kann die Kugelschreiberkamera angesehen werden. In einem normal großen Kugelschreiber ist eine komplette Farbkamera mit relativ guter Auflösung und noch zusätzlich ein Funksender eingebaut. Außerdem beinhaltet der Kugelschreiber die erforderlichen Batterien (*Bild 7.7*).

Eine weitere Spezialanfertigung ist die Kamera im Bewegungsmelder mit einem eingebauten digitalen Speicher für bis zu 1000 Bilder. Der Speicher kann mit einer handelsüblichen Chipkarte ausgelesen werden. Nach dem Einschalten wird bei jeder Aktivierung des Bewegungsmelders ein Bild abgespeichert. Bei entsprechender Einstellung kann auch eine Bildfolge gespeichert werden (*Bild 7.8*).

7.2 Monitore

Videomonitore werden auch heute noch in der Hauptsache mit Bildröhren gefertigt. Dies bedeutet, dass sie relativ groß und schwer sind. Mittlerweile bieten allerdings einige Hersteller Videoüberwachungsmonitore auch als TFT- oder Plasmamonitore an.

Röhrenmonitore haben bei Dauerbetrieb den Nachteil, dass ein ständig dargestelltes Bild mit der Zeit einbrennt. Bei extremem Bildeinbrand können Bewegungen im Bild nicht mehr erkannt werden. Bei SW-Monitoren kann man nach ca. 1/2 Jahr Dauerbetrieb bereits mit einem eingebrannten Bild rechnen. Bei Farbmonitoren erfolgt der Bildeinbrand erst nach ca. 1,5 Jahren Dauerbetrieb. TFT- oder Plasmamonitore haben keinen Bildeinbrand (*Bild 7.9*).

Bild 7.9
Videomonitore
mit Bildröhren
(Bild: CBC und Sanyo)

7.2 Monitore

Röhrenmonitore sind als Massenprodukt in den Größen mit 23 cm, 31 cm und 41 cm Bilddiagonale lieferbar. 13 cm, 50 cm oder gar 60 cm sind Sondergrößen und entsprechend teuer.
Bei den TFT-Monitoren ist die kleinste Größe 5,6 Zoll; nach oben sind fast keine Grenzen gesetzt. Der größte Bildschirm zur Zeit hat eine Breite von 70 Zoll; dies entspricht über 1 m Bilddiagonale (*Bild 7.10*).

Bild 7.10 TFT-Monitore zur Videoüberwachung, lieferbar bis 70 Zoll (Bilder: Sanyo und Neovo)

Die Auswahl der Bildschirmgröße ist abhängig vom normal üblichen Betrachtungsabstand. Wählt man nicht die richtige Größe, sind die Abbildungen entweder zu klein oder der Betrachter sitzt so nah vor dem Bildschirm, dass er durch das Flimmern Kopfschmerzen bekommt.
Werden in einer Leitwarte mehrere Monitore aufgestellt, sollte der Winkel zwischen dem mittleren und äußeren Monitor maximal 45 Grad betragen. Bei mehreren Monitoren ist die beste Lösung eine halbkreisförmige Aufstellung (*Bild 7.11*).
Als Lösung für solche Monitoransammlungen werden heutzutage Vielfachteiler eingesetzt. Auf einem Monitor können dann bis zu 16 Bilder gleichzeitig dargestellt werden. Bei wichtigen Ereignissen wird auf einem zweiten Arbeitsmonitor das Aktionsbild aufgeschaltet.
Zur besseren Aufteilung bieten einige Hersteller spezielle Monitorhalterungen an. Wand- oder Deckenhalterungen können für jeden Monitortyp geliefert werden.

Bild 7.11 Monitoraufteilung in einem Leitstand inkl. einer Deckenhalterung (Bild: IBS)

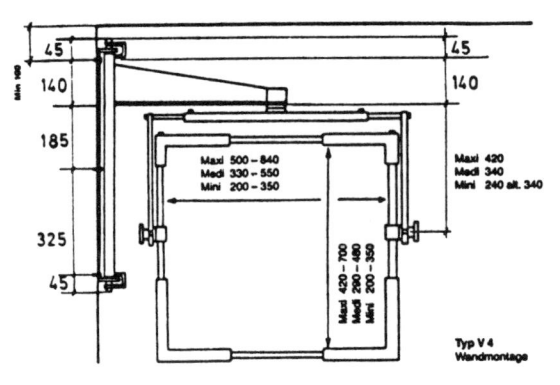

Bei den Halterung ist es wichtig, auf das GS-Zeichen zu achten. Bei nicht geprüften Halterungen kann es sehr leicht zu Materialermüdungen kommen. Im Extremfall fällt der Monitor von der Wand. (*Bild 7.12*)

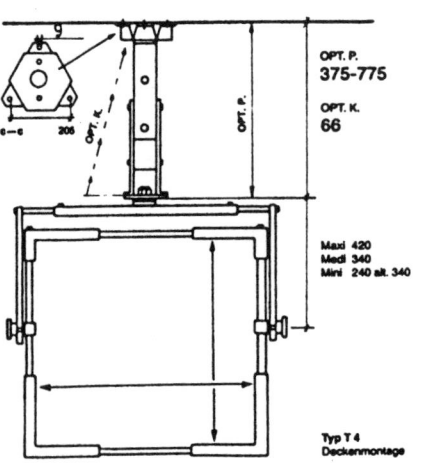

Hinweis:
Damit Ihr Monitor leicht zu montieren ist, bestellen Sie immer das nächstgrößere Modell, wenn die Abmessungen des Gerätes die äußere Grenze der angegebenen Maße erreicht.

Bild 7.12 Monitor-Deckenhalter (Bild: Ernitec)

7.3 Farbvideotechnik

Die in den Abschnitten 7.1 und 7.2 aufgeführten Kriterien für die Videoüberwachung gelten sowohl für die Schwarzweiß- als auch für die Farbtechnik.
Die Videoüberwachung mit Farbkameras wird überall dort eingesetzt, wo es wichtig ist, nicht nur Hell/Dunkelunterscheidungen zu treffen. Dies ist z. B. bei Überwachungen im Bankbereich gefordert. Bei einem Überfall kann man dann dokumentieren, ob der Räuber z. B. eine blaue oder eine grüne Jacke getragen hat. Die Polizei kann anhand des Videobandes sofort mit einem sogenannten Videoprinter Fahndungsfotos herstellen. Da die Farbkameras speziell die Eingänge überwachen, kann man mittels der Videobänder, die meistens einen Monat aufbewahrt werden, eventuell eine Täteridentifizierung erreichen, da der Räuber ja vorher die Bank ausspioniert hat. Die Identifizierung ist durch Figurenvergleich oder auch durch Eigenarten beim Gehen und in der Gestik durchaus möglich.
Ein anderer Einsatzort für die Farbtechnik ist die Produktionsüberwachung in Fertigungsbetrieben. In Walzwerken ist die Unterscheidung zwischen rot-, gelb oder weiß glühend sehr wichtig.
Bei der Planung für die Farbvideoüberwachung muss man auf eine ausreichende Beleuchtung achten. Gegenüber der Schwarzweiß-Technik muss die Beleuchtung um den Faktor 10 größer sein. Die Menge der Aufnahmepunkte ist in der Farbtechnik nicht so groß. Bei einem 1/4-Zoll-Chip gilt eine Pixelzahl von 295 000 schon als gut. Ganz neue Kameras bringen es sogar auf 440 000 Pixel.
Durch den rapiden Preisverfall in der Farbvideotechnik betragen die Mehrkosten nur noch ca. 20 % gegenüber der SW-Technik. Aufgrund der extremen Preissenkung wird die Farbtechnik immer häufiger eingesetzt.
Der Mensch kann nur ca. 12 bis 14 Graustufen unterscheiden. Die Möglichkeiten zur Unterscheidung im Farbbereich liegen bei über 200 Farben. Aus diesem Grund ist es viel angenehmer, ein Farbbild zu beobachten. Außerdem ist die Identifizierung von Gegenständen oder Personen erheblich leichter und genauer.
TFT- oder Plasmamonitore werden nur noch für Farbwiedergaben hergestellt. Im Studio-, Medizin- und Forschungsbereich wird häufig die Farbtechnik eingesetzt. Hier benutzt man aber nicht nur einen Aufnahmechip, sondern drei Chips. Jeder Chip ist für eine der Grundfarben zuständig. Es sind die Farben Rot, Grün und Blau. Deswegen heißen diese Kameras auch RGB-Kameras.

7.4 Objektive

Außer bei vorgegebenen Systemen werden alle Kameras ohne Objektiv geliefert. Erst das Objektiv macht eine Kamera zu einer Weitwinkel-, Normal- oder Zoomkamera. Welches Objektiv erforderlich ist, kann man aber nur vor Ort oder anhand eines Bauplans festlegen. Als einfache Hilfe zeichnet man den geplanten Überwachungsbereich in den Bauplan ein und kann dann mit einem Winkelmesser den erforderlichen Öffnungswinkel des Objektives ablesen. Eine andere Möglichkeit ist ein sogenannter Rangefinder. Das ist praktisch ein Objektiv ohne Kamera. An einem Stellring kann man die Objektivgrößen 6 mm bis 75 mm einstellen. An dem Stellrad sind für die entsprechenden Chipgrößen die Objektivgrößen auf einer Skala angegeben. Blickt man durch den Rangefinder, erkennt man genau den Bereich, den der Monitor zeigt. So ist z. B. auch dem Kunden sofort zu demonstrieren, welchen Bildausschnitt er später auf seinem Monitor sehen kann.

Für einmalige Planungen lohnt sich solch ein aufwendiges Gerät natürlich nicht. Daher sollte man für eine Planung, besonders, wenn mehrere Kameras zum Einsatz kommen, einen Fachhändler zu Rate ziehen.

Objektive mit einer Brennweite von 4 mm haben einen Öffnungswinkel von 99,3°. Bei einem Objektiv von 6 mm Brennweite sind es 74,4°. Diese Angaben gelten für Kameras mit einem 2/3-Zoll-Chip. Bei einem 1/2-Zoll-Chip hat ein 4,5 mm-Objektiv nur einen Öffnungswinkel von 71,2°. Die Tabelle zeigt die weiteren Zusammenhänge.

Zusammenhang zwischen Brennweite und Öffnungswinkel bei Objektiven

a) Für ⅔-Zoll-CCD

Brennweite/mm	4	6	8	16	75
Öffnungswinkel/Grad	99,3	74,4	59,2	30,8	6,7

b) ½-Zoll-CCD

Brennweite/mm	4,5	6	12
Öffnungswinkel/Grad	71,2	56,7	29,7

Will man eine alte 1-Zoll-Röhrenkamera gegen eine CCD-Kamera mit einem hochauflösenden 1/2-Zoll-Chip tauschen, ist das Verhältnis für die Objektivgröße auch 1:2. Wenn die 1-Zoll-Röhrenkamera mit einem 12-mm-Objektiv ausge-

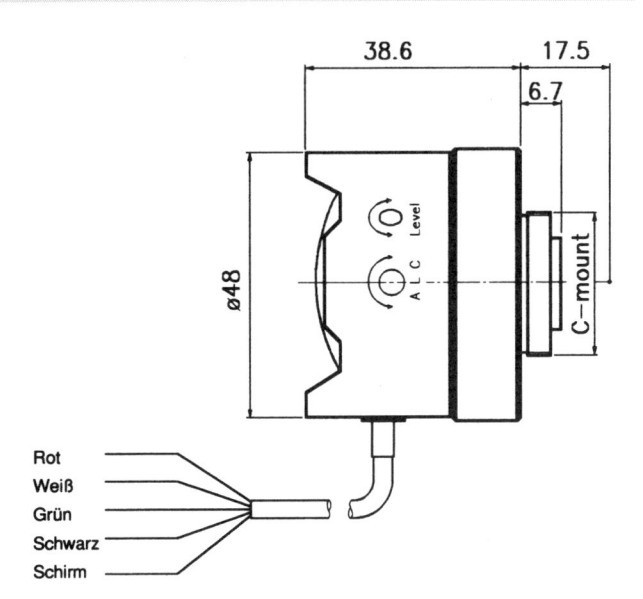

Bild 7.13 ES-Objektiv (Bild: Ernitec)

rüstet war, muss man für die CCD-Kamera mit dem 1/2-Zoll-Chip ein 6 mm-Objektiv nehmen, um den gleichen Bildausschnitt zu erhalten.

Die Objektive kann man in drei Kategorien aufteilen. Es gibt Festobjektive ohne Blendeneinstellung. Diese Objektive darf man nur in Objekten mit einer gleichmäßigen Beleuchtung einsetzen, da sie Helligkeitsänderungen nicht ausregeln können. Bei Geschäftsüberwachungen muss man sich vorher vergewissern, ob eventuell vorhandene Schaufenster zu Veränderungen in der Raumhelligkeit führen (z. B. tiefstehende Sonne oder Außenbeleuchtungen). Objektive mit automatischer Blendeneinstellung werden ES-Objektive genannt (*Bild 7.13*). Diese Objektive regeln Helligkeitsunterschiede in einem gewissen Rahmen aus. Direkter Sonneneinfall oder helle Lampen, die vor der Kamera eingeschaltet werden, können natürlich nicht voll ausgeregelt werden. In einem solchen Fall muss man die Kamera anders platzieren.

Die dritte Objektiv-Art sind die Regelobjektive. Mit ihnen kann man verschiedene Brennweiten entweder manuell oder mit einer elektrischen Steuerung einstellen. Als ungeübter Planer sollte man ES-Objektive mit einer manuellen Brennweiteneinstellung wählen (*Bild 7.14*), da man mit ihnen noch gewisse Verstellmöglichkeiten in Bezug auf den Aufnahmewinkel hat. Es gibt die ES-Objektive mit manueller Brennweiteneinstellung für die Bereiche 6 mm bis 12 mm oder 8 mm bis 16 mm (*Bild 7.15*). Diese Objektive sind genau so teuer wie die normalen ES-Objektive. Sie ermöglichen aber einen gewissen Verstellungsspielraum.

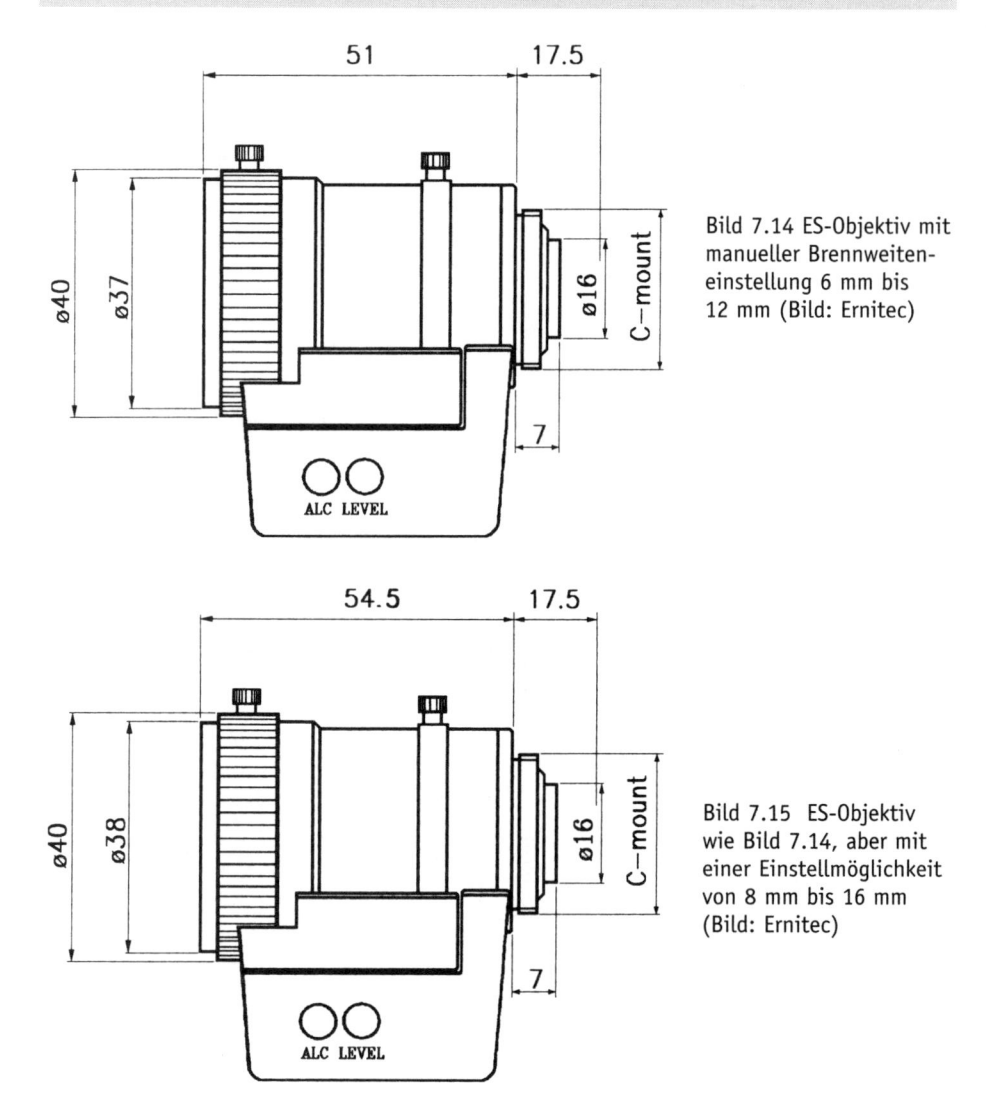

Bild 7.14 ES-Objektiv mit manueller Brennweiteneinstellung 6 mm bis 12 mm (Bild: Ernitec)

Bild 7.15 ES-Objektiv wie Bild 7.14, aber mit einer Einstellmöglichkeit von 8 mm bis 16 mm (Bild: Ernitec)

Objektive mit einer elektrischen Regelung für Brennweite, Schärfe und Blende sollte man nur dort einsetzen, wo auch ein Schwenk-Neigekopf geplant ist, da bei einer Verstellung vom Weitwinkelbereich in den Zoombereich immer nur die Bildmitte verändert wird.

Meist werden Objektive mit automatischer Blendeneinstellung eingesetzt. Sie bewirken, dass bei zu heller Umgebung die Lichtöffnung im Objektiv verkleinert wird. Diesen Vorgang kann man mit dem Zukneifen der Augen vergleichen, wenn diese geblendet werden.

Für problematische Überwachungsbereiche gibt es entsprechende Filter, die entweder vor das Objektiv oder zwischen Objektiv und CCD-Chip geschraubt werden.

7.5 Schutzgehäuse

Wie schon in der Einleitung erwähnt, gibt es sehr unterschiedliche Gehäuse in der Videotechnik. Zum einen besteht oft die Forderung, dass die Kamera mehr oder weniger unsichtbar eingebaut wird. Zum anderen sollen die Schutzgehäuse die empfindliche Kamera vor Umwelteinflüssen schützen, z. B. Staub, Wasser, Steinschlag oder gefährliche Gase (*Bild 7.16*).

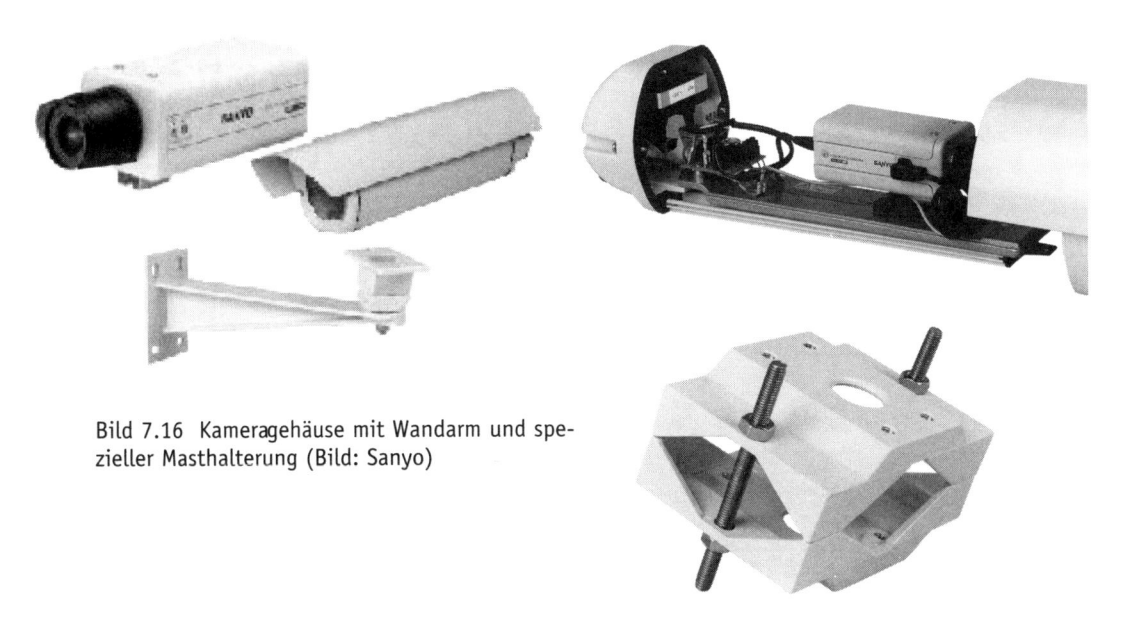

Bild 7.16 Kameragehäuse mit Wandarm und spezieller Masthalterung (Bild: Sanyo)

Mit einem Staubschutzgehäuse will man verhindern, dass feiner Staub auf die Ritzen von Regelobjektiv und Aufnahmeschicht dringt. Soll die Kamera vor Witterungseinflüssen geschützt werden, sind Wetterschutzgehäuse mit der Schutzklasse IP 66 einzusetzen. Diese Gehäuse verhindern nicht nur das Eindringen von Staub, sondern auch von Feuchtigkeit. Außerdem müssen sie mit einer thermostatgesteuerten Heizung ausgerüstet werden.
Diese Heizung verhindert zum einen, dass die Kamera im Winter einfriert und zum anderen, dass sich Feuchtigkeit innerhalb des Gehäuses bilden kann.

Da es Kameras mit 12 V Spannungsversorgung und 230-V-Netzanschlüssen gibt, sind die Gehäuseheizungen natürlich auch für diese beiden Netzanschlüsse zu bekommen. Werden mehrere Kameras eingesetzt, ist es günstiger, ein zentrales Netzteil zu wählen. Gleichzeitig kann man dann eine zentrale Notstromversorgung mittels wartungsfreier Akkus einrichten.

Für problematische Überwachungen gibt es natürlich auch die entsprechenden Schutzgehäuse. In explosionsgefährdeten Räumen müssen ebenso spezielle Gehäuse eingesetzt werden wie für eine Hochofenüberwachung. Diese Spezialgehäuse sind besonders groß, schwer und teuer. An die Gehäuse für eine Hoch ofenüberwachung kann man z. B. Feuerwehrschläuche anschließen, damit Kamera und Gehäuse nicht zu stark erhitzt werden. In dem doppelwandigen Gehäuse wird die Kühlung durch das fließende Wasser erreicht. Manchmal wird statt Wasser auch Druckluft oder CO_2 zum Kühlen genommen.

Für die Befestigung der entsprechenden Schutzgehäuse gibt es Wandarme in den unterschiedlichsten Längen, Deckenhalter, Masthalter mit einer runden Befestigungsschelle und Masttophalter. Die meisten dieser Halter haben einen mechanischen Schwenk- und Neigekopf, damit man die Kameras vernünftig einstellen kann (*Bild 7.17*).

Bild 7.17 Unterschiedliche Wandarme (Bild: Videv)

7.6 Schwenk-Neigeköpfe und deren Steuerung

S/N-Köpfe werden überall dort eingesetzt, wo man mit einer Kamera einen Überwachungswinkel von mehr als 100° realisieren muss. Diese Geräte benötigen eine Steuerung, damit sie in die gewünschte Position fahren können.

Sinnvoll sind S/N-Köpfe nur dort, wo viele Positionen zu den unterschiedlichsten Zeiten eingesehen werden müssen. Kann der gewünschte Überwachungsbereich

7.6 Schwenk-Neigeköpfe und deren Steuerung

mit zwei Kameras voll erfasst werden, sollte man auf den S/N-Kopf verzichten. Meistens sind die wetterfesten S/N-Köpfe incl. Steuerung und Kabelverlegung teurer als eine zweite Kamera. Feststehende Kameras haben den Vorteil, dass sie immer ihren Überwachungsbereich zeigen, da man nicht erst die Kamera herumfahren muss, um einen bestimmten Bereich zu sehen. Die S/N-Köpfe gibt es für die Spannungen 12 V, 24 V und 230 V (*Bild 7.18*).

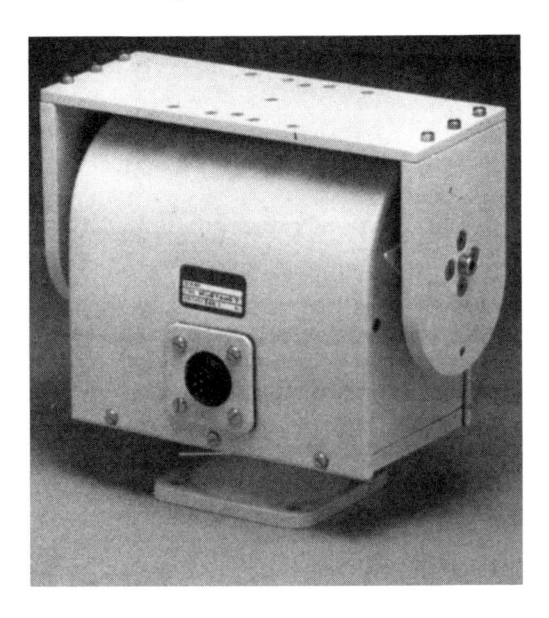

Oben: Bild 7.19 Steuergerät für den Monitorunterbau (Bild: Videv)

Links: Bild 7.18 S/N-Kopf für innen und außen (Bild: Preibisch und Uhlen)

Die Steuerungsmöglichkeiten sind ebenfalls unterschiedlich. Man hat die Wahl zwischen einer Tastensteuerung und einer Hebelsteuerung (Joystick) zur Bedienung eines S/N-Kopfes. Sollen mehrere S/N-Köpfe von einer Stelle bedient werden, kann man entweder die einzelnen Steuergeräte neben- oder übereinanderstellen oder mit einem kombinierten Bedienteil arbeiten. Die Ansteuerung der einzelnen S/N-Köpfe erfolgt mittels einer integrierten Umschaltung. Einige Hersteller bieten neben den normalen Pultgehäusen so genannte Unterbaugehäuse an, auf die man den Monitor stellen kann. Sie haben eine extra flache Bauweise und sind auf die Monitorgrößen abgestimmt (*Bild 7.19*). Bei zu langen Kabelwegen kann man die Steuersignale auch mit der Zweidrahttechnik übertragen. Hierbei werden die Steuerimpulse des Senders digital umgesetzt und innerhalb des Empfängers wieder in analoge Signale zurückverwandelt. Mit dieser Technik lassen sich Entfernungen von mehreren Kilometern überbrücken. Sogenannte Zweidrahtstrecken kann man bei einem Provider mieten. Sie ermöglichen gleich-

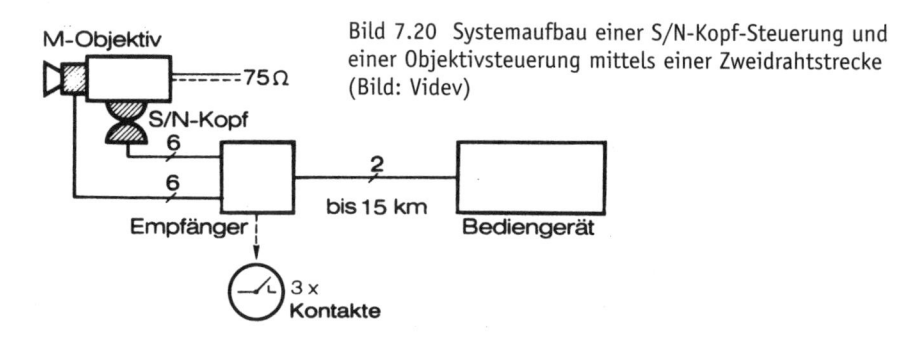

7 Vielfältige Einsatzmöglichkeiten für die Videotechnik im Personen- und Sachschutz

Bild 7.20 Systemaufbau einer S/N-Kopf-Steuerung und einer Objektivsteuerung mittels einer Zweidrahtstrecke (Bild: Videv)

zeitig die Überwachung und Kamerasteuerung weiter entfernt liegender Objekte (*Bild 7.20*).

Ein weiteres Gerät zur S/N-Steuerung ist die Positionierungseinrichtung. Diese Geräte ermöglichen eine vorherige Speicherung von bestimmten Kamerapositionen und Objektiveinstellungen. Eine solche Technik wird z. B. an Schleusen eingesetzt. Ein Schleusenwärter muss ganz bestimmte Schleusenabschnitte einsehen und kontrollieren, bevor er die Schleusen in Betrieb setzen darf. Mit einem Tastendruck kann er die vorher abgespeicherten Positionen abfragen. So ist es ihm möglich, die ganze Schleusenkammer einzusehen, ohne seinen Platz zu verlassen. Früher musste ein Wärter die Technik bedienen und zwei andere Männer mussten kontrollieren, ob die Boote richtig eingefahren und vertäut waren. Diese drei

Bild 7.21 Steuerungen für Schwenk/Neige-Köpfe inkl. der Objektivsteuerung. Die Steuerung kann mittels der Koaxialkabel, Zweidrahtleitung oder per LWL übertragen werden (Bild: Sanyo)

Aufgaben werden heute durch einen Schleusenwärter mittels der Videotechnik erledigt. Bei Problemlösungen mit vielen Kontrollpunkten, die genau beobachtet werden müssen, sind Kameras auf S/N-Köpfen mit eingebauten Regelobjektiven sinnvoller und günstiger als viele Einzelkameras (*Bild 7.21*).

7.7 High-Speed-Dom

Statt der früher üblichen sehr langsamen Schwenk-Neige-Köpfe, auf denen die Kameras mit den Wetterschutzgehäusen montiert wurden, werden heute für diese Anwendungen so genannte High-Speed-Dome eingesetzt. Die komplette Technik ist in einer Kugel oder Halbkugel untergebracht. Der Schwenk-Neige-Mechanismus und die Kamera mit dem Regelobjektiv sind genau aufeinander abgestimmt. Dadurch ist man in der Lage, sehr schnelle Drehbewegungen einschließlich der erforderlichen Objektiveinstellung zu realisieren. 360-Grad-Drehungen können mit allen Einstellungen innerhalb von 1,5 Sekunden bewältigt werden (*Bild 7.22*).

Bild 7.22 High-Speed-Dome mit den unterschiedlichen Ausführungen inkl. Bedienpult (Bild: CBC und Sanyo)

Bei hohen Sicherheitsanforderungen oder in Bereichen, wo schnelle Änderungen der Gegebenheiten mit genauso schnellen Reaktionen erfolgen müssen, wird diese Technik verstärkt eingesetzt. Auch bei automatischen Kameranachführungen durch Bewegungsdetektoren außerhalb der Kamera kommen die High-Speed-Dome zum Einsatz.

Mittels Laserscanner wird der mögliche Kamerabereich auf Bewegung abgetastet. Bei einer Detektion erfolgt der Datenaustausch zwischen Scanner und High-Speed-Dom mittels einer Schnittstelle. Maximal 1,5 Sekunden nach Bewegungserkennung wird der Bereich, in dem die Bewegung erkannt wurde, als Großbild dargestellt.

Häufig werden die High-Speed-Dome als Ergänzung zu einer flächendeckenden Videoüberwachung eingesetzt. Sobald in einem der Videobilder eine ungewöhnliche Situation registriert wird, kann der Wachmann mit dem Dom in die entsprechende Position fahren, damit dieser Ausschnitt stark vergrößert dargestellt werden kann. Dies macht Sinn bei Parkplatzüberwachungen. Die Festkameras ermöglichen den groben Überblick. Eine strategisch gut angeordnete Dom-Kamera hilft bei der genauen Lagefeststellung und Auswertung der Situation.

Zusätzlich zu der manuellen Steuerung ermöglichen die modernen Dom-Steuerungen das gezielte Anfahren einer vorher vorprogrammierten Festposition mit einem Tastendruck. Diese Möglichkeit ist sehr hilfreich bei immer wiederkehrenden Positionen wie Einfahrt- bzw. Ausfahrtbereichen, Toren oder Durchgangstüren.

7.8 Vielfach-Bildschirmteiler

Manchmal ist es unmöglich, mehrere Monitore an dem Arbeitsplatz aufzustellen. Aus diesem Grund besteht die Möglichkeit, mehrere Videobilder gleichzeitig auf einem Monitor darzustellen. Bei den Bildteilern muss immer die Bildsymmetrie beachtet werden. Aus diesem Grund gibt es 4fach-, 8fach- und 16fach- Bildteiler (*Bild 7.23*). Bei den Bildteilern besteht immer die Möglichkeit, entweder

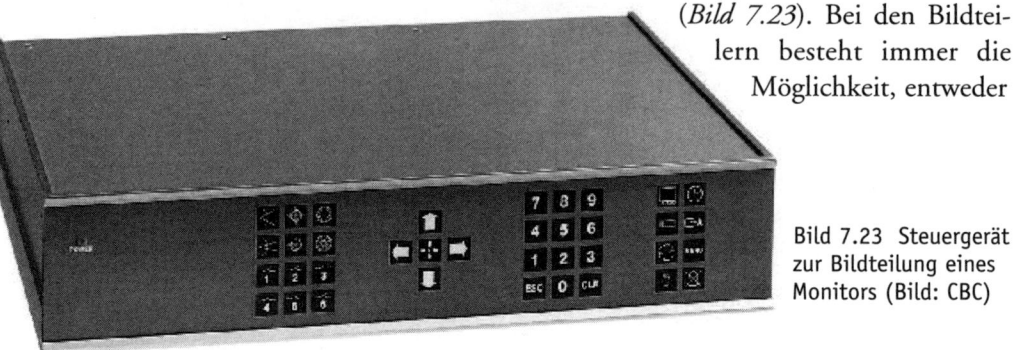

Bild 7.23 Steuergerät zur Bildteilung eines Monitors (Bild: CBC)

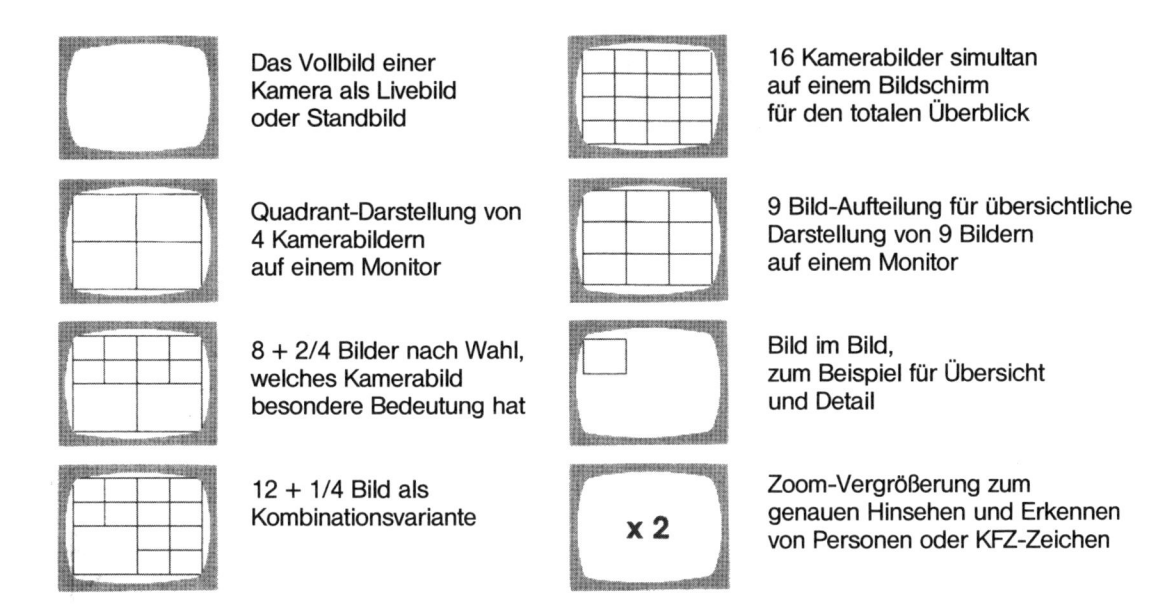

Das Vollbild einer Kamera als Livebild oder Standbild	16 Kamerabilder simultan auf einem Bildschirm für den totalen Überblick
Quadrant-Darstellung von 4 Kamerabildern auf einem Monitor	9 Bild-Aufteilung für übersichtliche Darstellung von 9 Bildern auf einem Monitor
8 + 2/4 Bilder nach Wahl, welches Kamerabild besondere Bedeutung hat	Bild im Bild, zum Beispiel für Übersicht und Detail
12 + 1/4 Bild als Kombinationsvariante	Zoom-Vergrößerung zum genauen Hinsehen und Erkennen von Personen oder KFZ-Zeichen

Bild 7.24 Möglichkeiten der Bildschirmaufteilung in acht Variationen (Bild: Videv)

nur ein Bild auszuwählen oder die aufgeschalteten Kameras mit einer Umschaltfunktion darzustellen.
Die meisten 4fach-Bildteiler stellen alle vier Bilder in Echtzeit dar. Bei den 8fach- oder 16fach-Teilern erfolgt die Darstellung der Bilder mit einem kleinen Zeitversatz. Dies hat zur Folge, dass Bewegungsabläufe etwas ruckartig und abgehackt dargestellt werden. Die meisten Bildteiler haben neben der Mehrfachdarstellung auch die Möglichkeit des elektronischen Zoom. Ein ausgewählter Bildausschnitt kann elektronisch mehrfach gezoomt werden (*Bild 7.24*).

7.9 Videospeicher analog und digital

Als Videospeicher können neben den bekannten Videorekordern auch spezielle digitale Massenspeicher und mit entsprechenden Modifikationen auch der eigene PC dienen.
Mit so genannten Langzeitrekordern hat man die Möglichkeit, Aufzeichnungen von 3, 12, 24, 48 , 240 ,480 und 990 Stunden zu realisieren (*Bild 7.25*). Die Zeiten von 3 bis 48 Stunden können mit speziellen Rekordern in Echtzeit realisiert

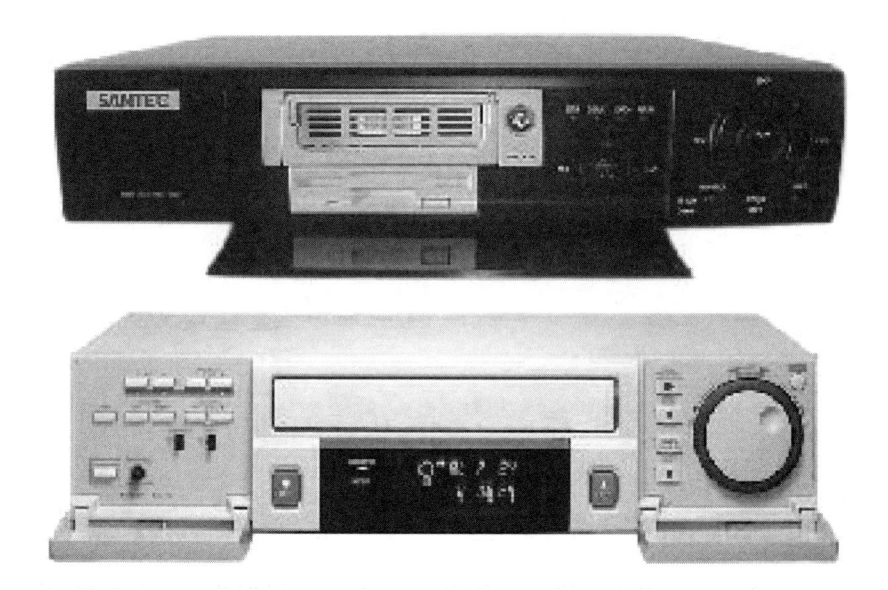

Bild 7.25 Videorecorder für den Langzeitbetrieb (Bild: Sanyo)

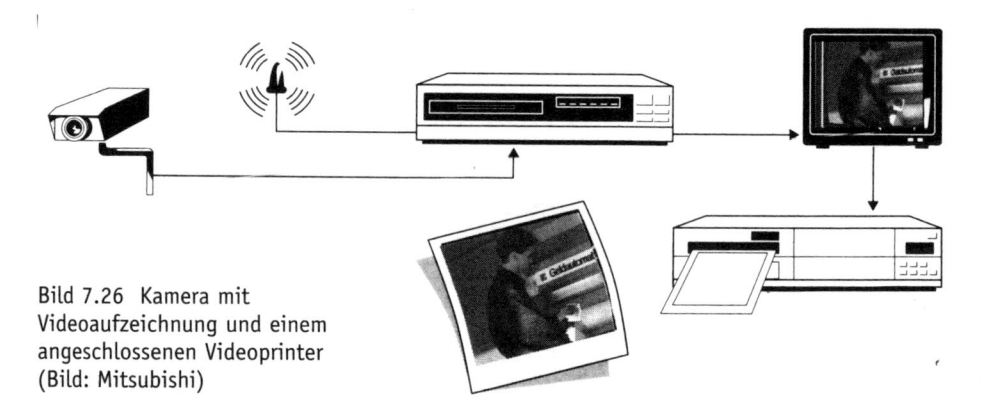

Bild 7.26 Kamera mit Videoaufzeichnung und einem angeschlossenen Videoprinter (Bild: Mitsubishi)

werden. Mit einer 240-Minuten-Kassette ist dies bei entsprechend langsamem Aufzeichnungslauf möglich. Alle anderen Aufnahmezeiten bis 990 Stunden werden im so genannten Timelap-Verfahren aufgezeichnet. Auch hier kommt eine 240-Minuten-Kassette zum Einsatz. Zwischen den einzelnen Bildern werden dann allerdings entsprechend große Pausen gemacht, um die langen Aufnahmezeiten zu realisieren. Dieser „Stop and Go"-Betrieb verursacht allerdings auch einen sehr starken Verschleiß an Kassette und am Aufnahmekopf. Bei 990-Stunden-Betrieb muss die Kassette spätestens nach dem dritten Durchlauf gewechselt werden. Da dies häufig nicht beachtet wird, sind die Videobilder oft sehr schlecht und zum großen Teil unbrauchbar.

Auch die Bandqualität spielt eine besondere Rolle für die Aufzeichnung. Die Hersteller von Langzeitrekordern bieten spezielle Videobänder an, die genau auf den Rekorder abgestimmt sind. Da diese Bänder erheblich teurer als normale VHS-Bänder sind, kommen sie nicht sehr häufig zum Einsatz (*Bild 7.26*).

Mit den digitalen Speichern hat man die Problematik der Bildverluste im Langzeitbetrieb nicht. Die Aufzeichnungsqualität entspricht der dargestellten Bildschirmqualität. Auch beim Abspielen des Bildspeichers entstehen keine Bildverluste. Da ein Videobild sehr viele Informationen enthält, würde bei normaler Aufzeichnung eine enorme Größe an Speicherplatz benötigt. Damit der erforderliche Speicherplatz einigermaßen im Rahmen bleibt, wird in der digitalen Speichertechnik mit speziellen Komprimierungs- und Speicherverfahren gearbeitet.

Bei einer Langzeitaufzeichnung wird nicht wie beim Rekorder immer das gleiche Bild aufgezeichnet. Nachdem das Grundbild einmal im Speicher hinterlegt ist, werden nur noch die Bildänderungen übertragen. Außerdem kann über spezielle Bildsensoren mit Bewegungserkennungen gearbeitet werden. Es sind digitale Bildspeicher auf dem Markt, die mit 80 GByte 470 Stunden Echtzeitaufnahme im VHS-Modus realisieren (*Bild 7.27*). Bei diesen Speichern, die als Ersatz zu den normalen Bandgeräten konzipiert wurden, besteht auch die Möglichkeit, die Speicherqualität bis zur DVD-Qualität zu erhöhen. Dann beträgt die Speicherzeit allerdings nur noch 15 Stunden.

Digitale Speicher werden mittlerweile als komplette Systemlösung angeboten. Neben dem Speicher beinhalten die Geräte auch eine Mehrfachdarstellung (bis zu

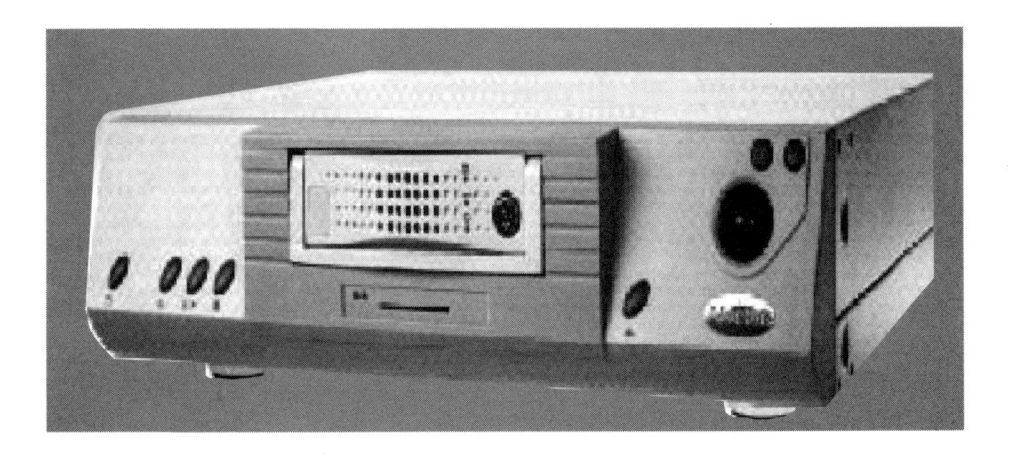

Bild 7.27 Digitaler Langzeitspeicher für 470 Std. Echtzeitaufzeichnung (Bild: Alcatraz)

16 Videobilder), eine Netzwerkanbindung an bestehende PC-Systeme, ISDN, GSM oder analoge Telefonanlagen. Mit diesen Zusätzen und der entsprechenden Software ist es möglich, ein komplettes Überwachungssystem aufzubauen. Neben einer automatischen Bewegungserkennung innerhalb des Videobildes können auch externe, potentialfreie Kontakte angeschlossen werden. Wird eine Bewegung erkannt oder eine Tür geöffnet, kann dies zum Beispiel direkt per SMS an das Handy des Betreibers gesendet werden. Hat der Betreiber ein Bildhandy, kann auch das Alarmbild mit übertragen werden. Auch Bildübertragungen an externe PCs z. B. zum Büro des Besitzers oder an eine Wachzentrale sind möglich (*Bild 7.28*).

Die digitalen Speicher ermöglichen mit den entsprechenden Softwarepaketen eine Vielfalt von Anwendungen als Sicherheitssystem. Da Alarmkontakte integriert werden können und eine Bewegungserkennung mittels Videoauswertung möglich ist, wird diese Technik in absehbarer Zeit die klassische Alarmanlage ersetzen. Bei einem Alarm wird gleichzeitig das entsprechende Bild mit übertragen.

Bild 7.28 Digitaler Speicher mit Mehrbilddarstellung, Netzwerkanschluss und Bewegungserkennung (Bild: Geutebrück)

7.10 Umschalter

Umschalter kann man einsetzen, wenn mehrere Kamerabilder auf einen Monitor geschaltet werden sollen. Es gibt manuelle und automatischen Umschalter. Die manuellen Umschalter müssen von Hand eingestellt werden (*Bild 7.29*), bei den automatischen kann die Umschaltung nach einer vorher fixierten Zeit automatisch oder von Hand erfolgen (*Bild 7.30*). Die Umschalter gibt es wahlweise mit

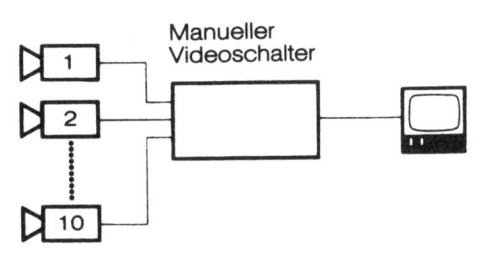

Bild 7.29 Systemaufbau mit manueller Umschaltung (Bild: Videv)

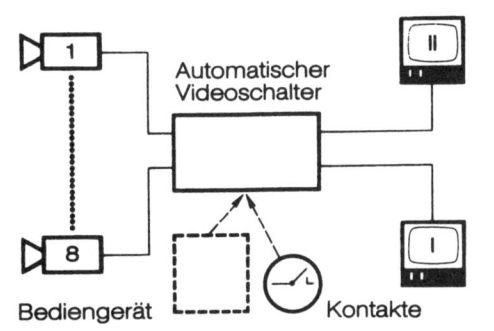

Bild 7.30 Systemaufbau mit automatischem Videoschalter (Bild: Videv)

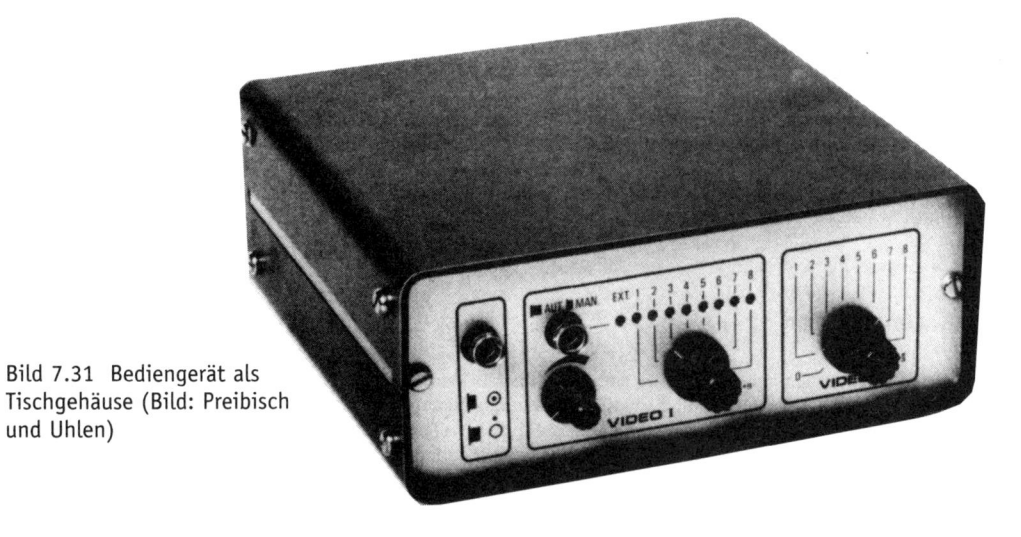

Bild 7.31 Bediengerät als Tischgehäuse (Bild: Preibisch und Uhlen)

4, 8, 12, 16 usw. Kameraeingängen und mit 1, 2, 4 und 8 Monitorausgängen (*Bild 7.31*). Wenn man maximal vier Kameras an einen Monitor anschließen will, kann man einen Monitor mit eingebautem Vierfachumschalter nehmen. Schaltet man zu viele Kameras über einen Umschalter auf einen Monitor, sind die Pausenzeiten bis zur nächsten Aufschaltung so groß, dass man nicht mehr von einer kontinuierlichen Beobachtung sprechen kann.

7.11 Beleuchtung

Bei der Videotechnik im Sicherheitsbereich muss man zwischen sichtbarer und diskreter Beleuchtung unterscheiden. Die sichtbare Beleuchtung können Lampen und Strahler sein, wie sie jeder kennt. Am besten ist es, wenn die Lampen in Blickrichtung mit der Kamera installiert werden, weil helles Gegenlicht die Bilder verfälscht.

Bei den CCD-Kameras ist auch eine diskrete Beleuchtung mittels Infrarotstrahler möglich. Diese speziellen Lampen emittieren ein Licht, das oberhalb von 750 Nanometern liegt. In diesem Wellenbereich kann der Mensch nur noch ein schwaches, rotes Glühen wahrnehmen. Ab 830 Nanometern ist das IR-Licht für den Menschen nicht mehr sichtbar. Die IR-Strahler gab es früher nur mit 300, 500 oder 1000 Watt. Die modernen IR-Strahler sind mit der wesentlich sparsameren LED-Technik ausgerüstet. Die Leistungsaufnahmen (*Bild 7.32*) betragen zwischen 35 W und 85 W. Die Reichweite beträgt dafür auch nur max. 50 Meter.

Bei der Überwachung von Toreinfahrten oder Plätzen, die in der Nähe von Straßen liegen, dürfen laut Straßenverkehrsordnung keine hellen Halogenlampen zur Beleuchtung eingesetzt werden, da sie den Straßenverkehr durch die Blendung behindern. In diesen Fällen muss man auf die IR-Technik zurückgreifen.

Bild 7.32 Unterschiedliche Bauformen von IR-Strahlern (Bild: Sanyo)

7.12 Kabel und Leitungen

Für ein störungsfreies Bild ist die Auswahl der richtigen Kabel von größter Wichtigkeit. Die Antennenkabel aus dem Fernsehbereich sind zu minderwertig, da sie in der Schirmung teilweise Fehlstellen haben. Diese Fehlstellen ermöglichen das Eindringen von Fremdstrahlung, die verrauschte Bilder verursachen kann. Besser geeignet sind die Videokabel mit dem grünen oder schwarzen Mantel und der Bezeichnung RG 59. Wenn man die BNC-Stecker quetschen will, sollte man die Kabel mit dem festen Innenleiter verwenden.

Bei Zweidrahtübertragung müssen die Kabel eine Abschirmung haben. Sie sollten zweifach- oder noch besser vierfach verseilt sein. Die Tabelle zeigt Richtwerte für verdrillte oder verseilte galvanisch sauber durchgeschaltete Zweidraht-Leitungen mit Ø 0,4 mm (bei Einsatz von Zwischenverstärkern vervielfachen sich die angegebenen Längen).

Isolation	Adern Ø	ca. Leitungslänge
Papier	0,4 mm	0,9 km
Papier	0,6 mm	1,3 km
Papier	0,8 mm	1,4 km
FVC	0,6 mm	0,7 km
FVC	0,8 mm	1,1 km
PE	0,4 mm	1,1 km
PE	0,6 mm	1,5 km
PE	0,8 mm	1,8 km

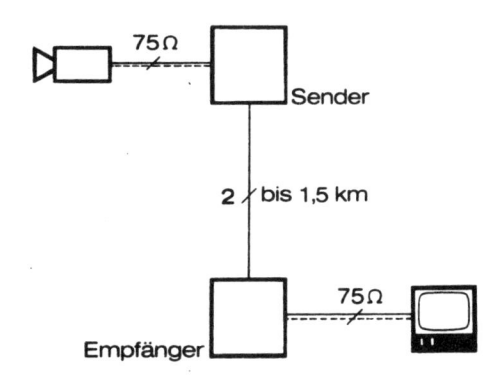

Bild 7.33 Systemaufbau für größere Entfernungen zwischen Kamera (Sender) und Monitor (Empfänger) (Bild: Videv)

Mit Lichtwellenleitern können ebenfalls Videosignale übertragen werden. Hier liegt die größtmögliche Reichweite zwischen Sender und Empfänger bei ungefähr 5 km. Die Kosten für diese Geräte sind etwas geringer als bei der professionellen Zweidraht-Übertragung. Die hohen Anschlusskosten gleichen den Preisvorteil aber wieder aus.

Bild 7.33 zeigt den Systemaufbau für eine Zweidraht-Leitung, mit der ohne Zwischenverstärker Entfernungen zwischen Kamera und Monitor bis 1,5 km überbrückt werden können.

7.13 Digitale Bildübertragungen in Telefonnetzen

Da die Bildübertragungen mit dem eigenen Kabelnetz von ihrer Übertragungslänge eingeschränkt sind – siehe Kapitel 7.12 – , hat die Industrie immer bessere Geräte zur Bildübertragung in öffentlichen und privaten Telefonnetzen entwickelt.

Die ersten Geräte mussten mit der sehr geringen Übertragungsrate im analogen Telefonnetz zurechtkommen. Da ein Videobild viele Informationen enthält, konnten nur sehr langsame Bildübertragungen und ein langsamer Bildaufbau realisiert werden. Dieser Zustand war sehr unbefriedigend und für Sicherheitsanwendungen nicht ausreichend.

Die Anforderungen der möglichen Nutzer waren:

- ein schneller Bildaufbau im Gefahrenfall,
- schnelles Springen auf benachbarte Videokameras,
- nach Möglichkeit eine gleichzeitige Darstellung von mehreren Kamerabildern,
- Auslösung von Steuerbefehlen,
- Bewegungen im Bild nach Möglichkeit in Echtzeitabläufen und
- eine Kopplungsmöglichkeit mit anderen Überwachungssystemen.

Mit der Einrichtung des ISDN-Netzes ist die Realisierung aller Anforderungen möglich geworden. Der Wachmann vor Ort ist nicht mehr erforderlich. Mit der Anbindung an andere Überwachungseinrichtungen erfolgt eine automatische Life-Bildübertragung vom Ort des Geschehens. In einer Wachzentrale kann das Wachpersonal die Bilder entsprechend auswerten und folgerichtig reagieren. Per Tastendruck können bis zu 10 Kamerabilder gleichzeitig in Echtzeit übertragen werden. Der Wachmann erhält einen Überblick von dem überwachten Gelände oder Gebäude und kann seine Kollegen per Funk zweckmäßig und effektiv einweisen.

7.13 Digitale Bildübertragungen in Telefonnetzen

Bild 7.34 Mögliche Funktionsübersicht eines Videosenders und die Minimalanforderung an den Videoempfänger (Bild: Videv)

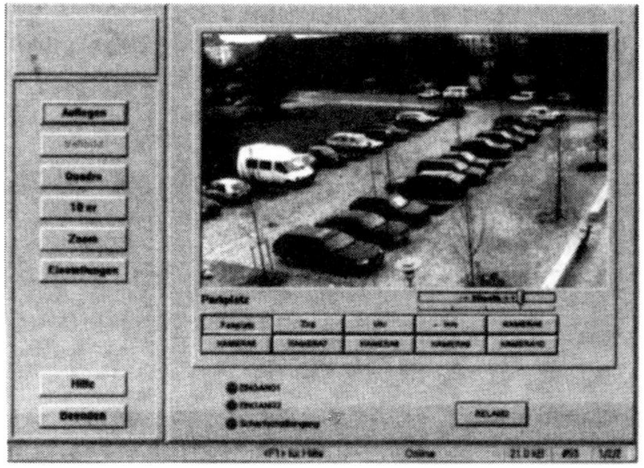

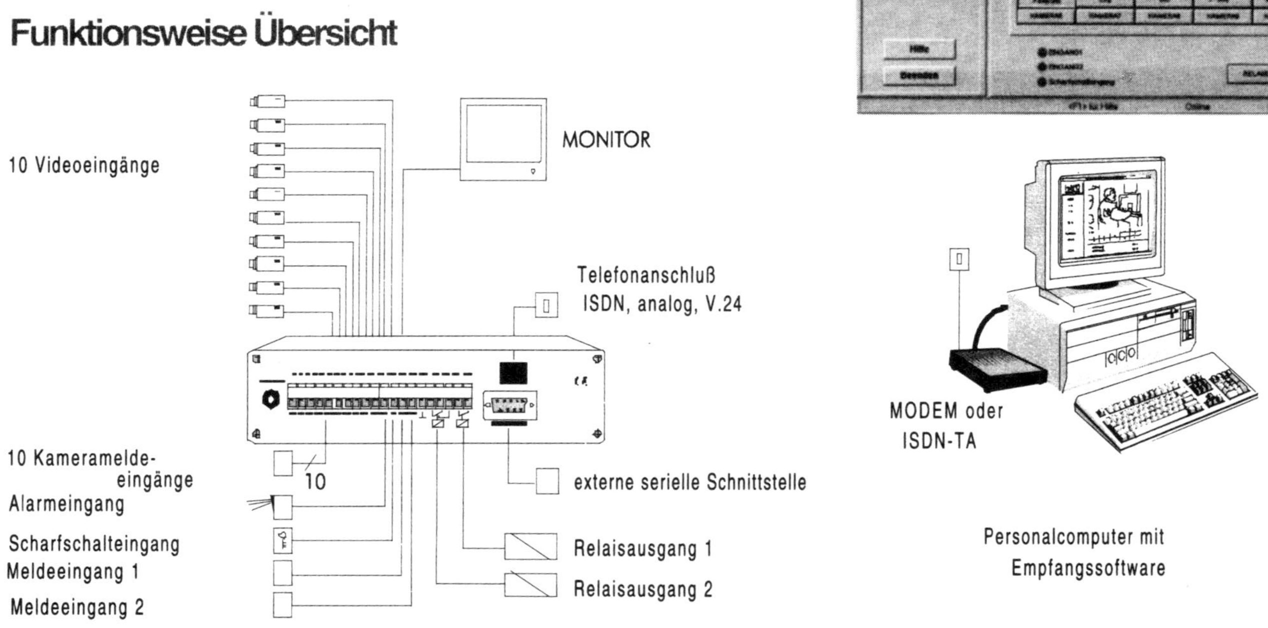

Funktionsweise Übersicht

10 Videoeingänge

10 Kamerameldeeingänge
Alarmeingang
Scharfschalteingang
Meldeeingang 1
Meldeeingang 2

MONITOR

Telefonanschluß
ISDN, analog, V.24

externe serielle Schnittstelle

Relaisausgang 1
Relaisausgang 2

MODEM oder ISDN-TA

Personalcomputer mit Empfangssoftware

Die hier beschriebenen Systeme werden in Banken, in Supermärkten, in Spielhallen etc. eingesetzt. Die Investitionskosten haben sich nach kurzer Zeit amortisiert, da die Kosten für eine ständige Überwachung oder für Streifengänge entfallen. Die Sicherheit des Personals wird im Katastrophenfall erhöht. Polizei und hilfeleistende Stellen können sich einen Überblick über die örtlichen Gegebenheiten verschaffen und optimal reagieren.

Neben der automatischen Bildübertragung im Gefahrenfall kann der Betreiber auch aktiv einzelne Kameras anwählen und in die Objekte hineinsehen. Eine automatische Routineüberwachung ist ebenfalls möglich. Neben der Bildübertragung ist die gleichzeitige Steuerung von Lichtanschaltungen, Schwenk-Neige-Köpfen und Regelobjektiven für jeden Kamerakanal möglich.

Da der Emfänger über einen PC verwaltet wird, ist eine Alarmbild-Speicherung oder die manuelle Speicherung von Life-Bildern kein Problem. An der Empfängerseite sollte ein möglichst hochwertiger PC vorhanden sein.

Bild 7.34 zeigt eine mögliche Funktionsübersicht von Videosender und die Minimalanforderung an den Videoempfänger.

Nutzung des 230-V-Netzes für eine Alarmanlage 8

Seit 1988 gibt es eine VdS-anerkannte Alarmanlage, die das 230-V-Netz zur Signalerweiterung nutzen darf. Die Informationen von Bewegungsmeldern, Öffnungskontakten und Glasbruchsensoren gelangen über ein spezielles Gerät, welches das 230-V-Netz nutzt, zur Zentrale. Ganz ohne Kabel-Verlegung kommt man aber bei diesem adernsparenden System auch nicht aus. Zwischen Sendegerät und Bewegungsmelder muss ein Kabel gezogen werden, da die Steckdosen meistens in Fußbodenhöhe eingebaut sind und die Melder immer in Deckenhöhe angebracht werden müssen. Bei einer Außenhautsicherung erfolgt die Verdrahtung der Öffnungskontakte und der Glasbruchmelder bis zu dem Sendegerät in herkömmlicher Weise.

Will man mehrere auseinanderliegende Gebäude absichern, ist dieses System von Vorteil, weil die Kabelverlegung zwischen den Gebäuden wegfällt. Auch in weitläufigen Wohnhäusern mit wenigen, aber weit auseinanderliegenden Öffnungen ist das adernsparende System von Vorteil.

Die VdS-Anerkennung gilt aber nur für den Hausratbereich oder nach den neuen Einteilungen für die Klassen A und B.

9 Verteiler

In der Alarmanlagentechnik muss bei jedem Auftrennen des Kabels ein Verteiler mit genügend Lötstützpunkten für alle Adern gesetzt werden.
Einfaches Verdrillen, eine sogenannte spitze Verbindung, ist vom VdS nicht erlaubt. Alle Adern müssen verlötet werden, da mit der Zeit bei verdrillten oder verklemmten Adern Übergangswiderstände durch Oxidation auftreten können. Zu Wartungs- oder Reparaturarbeiten müssen die Verteiler immer zugänglich sein. Will man die Verteilerdeckel übertapezieren, sollte man ihren Standort in einem Plan mit Maßangaben festhalten.
Für die Verdrahtung an der Zentrale oder an Punkten mit vielen Kabeln gibt es extra große Verteiler mit bis zu mehreren hundert Lötstützpunkten.
Laut VdS müssen die Verteiler im Gewerbebereich oder in Bereichen mit starkem Publikumsverkehr mit einem Sabotagekontakt versehen sein.

```
Normbezeichnung:   Verteiler
Kurzzeichen:       V
Symbol:            [V]
```

Leitungen und Verlegung 10

Für die Verbindung zwischen Alarmzentrale und Alarmmelder darf man nur abgeschirmte Kabel benutzen. Die Kabel haben die Bezeichnung IY(ST)Y.
Der Metallschirm soll verhindern, dass durch Umwelteinflüsse eine Spannung im Kabel induziert wird. Die Induktionsfelder von anlaufenden Maschinen, Hochspannungskabeln oder defekten (flackernden) Leuchtstofflampen können zu Fehlalarmen führen.
Nach den Richtlinien des VdS müssen Kabel immer innerhalb des Sicherungsbereiches verlegt werden. Ist eine Verlegung außerhalb des Sicherungsbereiches nicht zu vermeiden, ist auch bei einer Hausratsicherung eine Sabotageüberwachung der Kabel erforderlich. Die Verlegung muss entweder unter Putz oder bei einer nachträglichen Installation auf Putz im Stahlpanzerrohr erfolgen.
Für die nachträgliche Verlegung ohne Kabelkanal bieten einige Kabelhersteller abgeschirmte Kabel in den Farben Weiß und Dunkelbraun an.
Innerhalb des Sicherungsbereiches ist eine Unter-Putz-Verlegung während einer Renovierung oder im Neubau sinnvoll. Bei der nachträglichen Installation können die Kabel mit farblich angepassten Kabelkanälen hinter Zwischendecken oder unter Fußbodenleisten ordentlich und relativ unsichtbar verlegt werden. Die Kabelkanäle kann man wie Abschlussleisten an Decken, Böden oder in Schattenfugen von abgehängten Decken verlegen. Die Kabelkanäle gibt es lagermäßig in den Farben Weiß, Grau, Schwarz und Dunkelbraun. Auf Bestellung sind die Kanäle auch in allen Ral-Farben erhältlich. Bei einer späteren Renovierung kann man die Kanäle wieder entfernen und die Kabel unter Putz legen. Dabei muss die Alarmanlage nicht demontiert werden.
Die meisten Hausfrauen haben Angst um ihre Wohnungseinrichtung und vor dem Dreck, der bei einer nachträglichen Installation anfallen kann. Dies muss nicht sein. Der feine Bohrstaub kann direkt mit dem Staubsauger abgesaugt werden. Größere Putzstücke und Abfälle kann man sofort entfernen, ehe man sie in der ganzen Wohnung verteilt. Wenn man Raum für Raum die Anlage fertig in-

stalliert und sofort wieder richtig einräumt, hält sich die Unordnung in Grenzen. Viele Errichterfirmen beauftragen aus diesem Grund nur einen einzelnen Monteur mit dem nachträglichen Einbau, damit die Wohnung nicht in eine einzige Baustelle verwandelt wird.

Planungs- und Anschlusshilfen 11

Anhand eines Schaubildes sind noch einmal alle Sicherungsarbeiten und deren Kombinationen aufgeführt (*Bild 11.1*).
Neben der Außenhautsicherung eines Wohnhauses (*Bild 11.2*) finden Sie hier auch Anwendungsbeispiele für Glasbruchmelder (*Bild 11.3*) und Vibrationskontakte (*Bild 11.4*).
Die *Bilder 11.5, 11.6* und *11.7* zeigen die richtige Verdrahtung von Magnetkontakten, Glasbruchmeldern und Bewegungsmeldern.
Zum Schluss eine Hilfe zur Kabelverlegung für Alarmanlagen-Komonenten.
Wie schon im Kapitel 9 erwähnt, müssen in der Alarmanlagen-Technik immer abgeschirmte Kabel, z. B. IY(ST)Y, verlegt werden.
Für eine Außenhautsicherung mit Glasbruchmeldern und Magnetkontakten benötigt man im Privathaus je Meldelinie 4 x 2 x 0,6 mm^2 und im Gewerbebereich je Meldelinie 6 x 2 x 0,6 mm^2 Kabel. Will man mit einem Kabel mehrere Meldelinien erfassen, muss man die Anzahl entsprechend erhöhen.
Zu Bewegungsmeldern mit Erstalarmerkennung muss man mindestens ein Kabel mit 4 x 2 x 0,6 mm^2 verlegen.
Zu Blockschlosstüren muss man bei gleichzeitiger Öffnungs- und Durchbruchüberwachung sowie einem überfalltaster ein Kabel mit 8 x 2 x 0,6 mm^2 verlegen.
Für eine einzelne Sirene reicht ein 2 x 2 x 0,6 mm^2-Kabel aus. Sirenen mit aufgebauter Blitzlampe benötigen eine Zuleitung von 4 x 2 x 0,6 mm^2.
Zu automatischen Wählgeräten sollte man mindestens 4 x 2 x 0,6 mm^2-Kabel verlegen. Wenn man bei digitalen Wählgeräten alle acht Linien ausnutzen will, benötigt man ein 8 x 2 x 0,6 mm^2-Kabel.
Bedienteile erfordern ganz unterschiedliche Zuleitungen. Je nach Zentraltyp muss man ein Kabel mit der Abmessung 2 x 2 x o,6 mm^2 oder sogar 12 x 2 x 0,6 mm^2 verlegen.
Diese Angaben gehen aber aus der Zentralenbeschreibung hervor.

11 Planungs- und Anschlusshilfen

Überwachungsarten

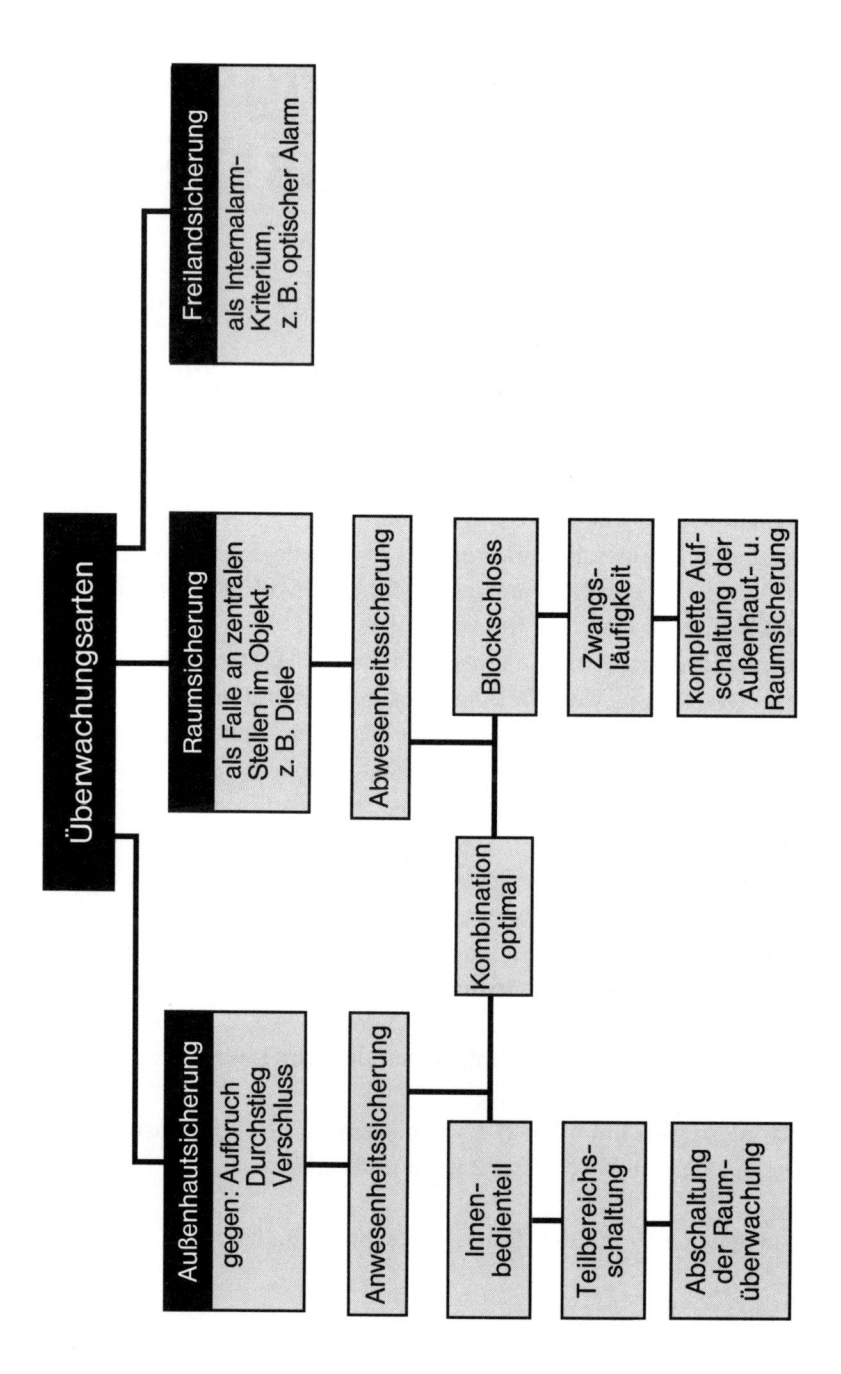

- **Freilandsicherung** – als Internalarm-Kriterium, z. B. optischer Alarm
- **Raumsicherung** – als Falle an zentralen Stellen im Objekt, z. B. Diele
  - Abwesenheitssicherung
    - Blockschloss
    - Zwangsläufigkeit
    - komplette Aufschaltung der Außenhaut- u. Raumsicherung
- **Außenhautsicherung** gegen: Aufbruch, Durchstieg, Verschluss
  - Anwesenheitssicherung
    - Innenbedienteil
    - Teilbereichsschaltung
    - Abschaltung der Raumüberwachung

Kombination optimal (zwischen Abwesenheitssicherung und Anwesenheitssicherung)

Bild 11.1 Darstellung der verschiedenen Überwachungsarten mit ihren Kombinationsmöglichkeiten

11 Planungs- und Anschlusshilfen

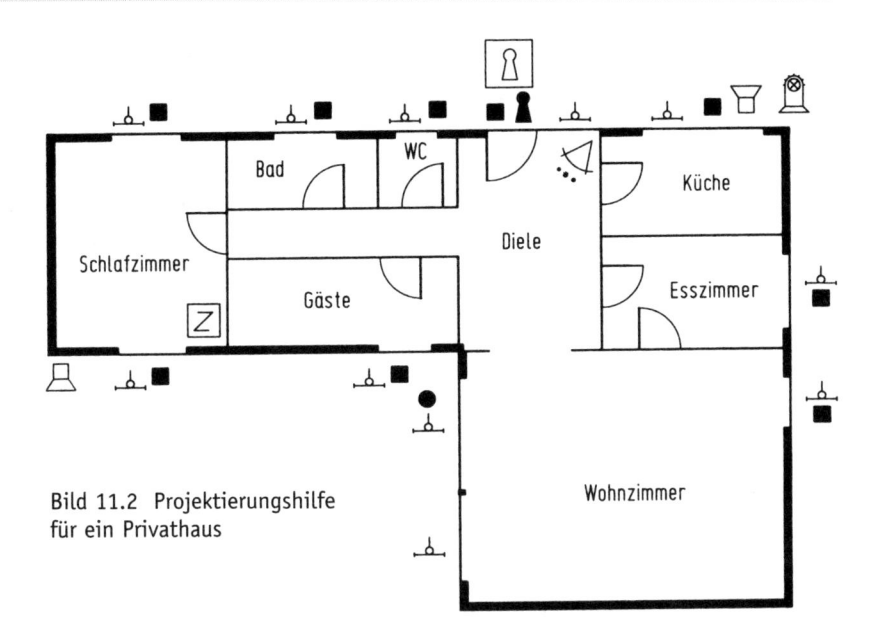

Bild 11.2 Projektierungshilfe für ein Privathaus

Für große Scheiben mit Dimensionen über 2 m können zwei oder mehr Melder projektiert werden

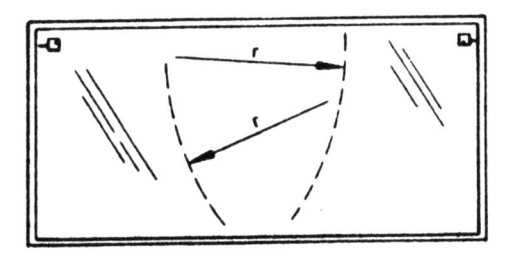

Unterteilte Glasscheiben müssen einzeln überwacht werden, da die Scheibenfassungen die Glasbruchgeräusche zu stark dämpfen

Bild 11.3 Montage und Verteilung von Glasbruchmeldern

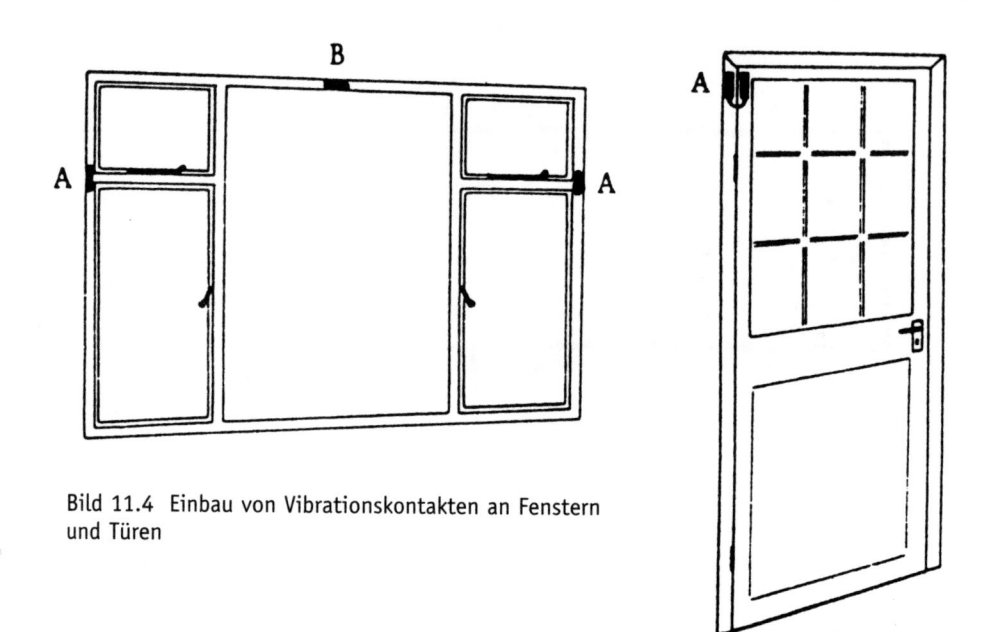

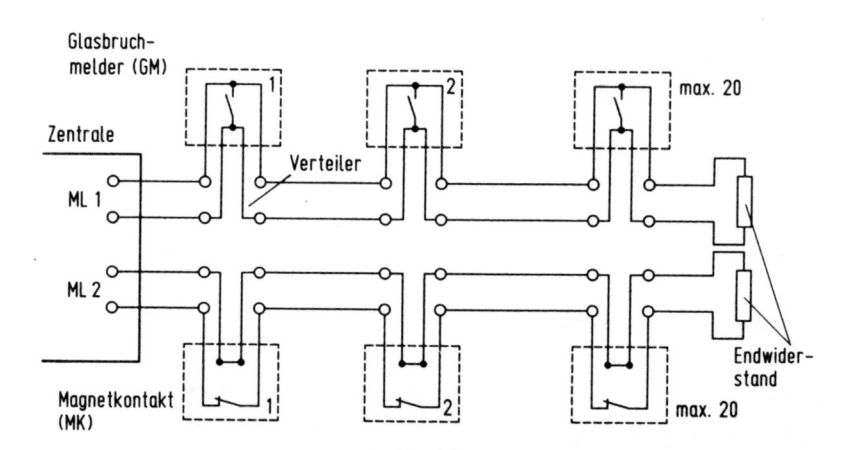

Bild 11.4 Einbau von Vibrationskontakten an Fenstern und Türen

Bild 11.5 Getrennte Verdrahtung von Glasbruchmeldern und Magnetkontakten lt. VdS

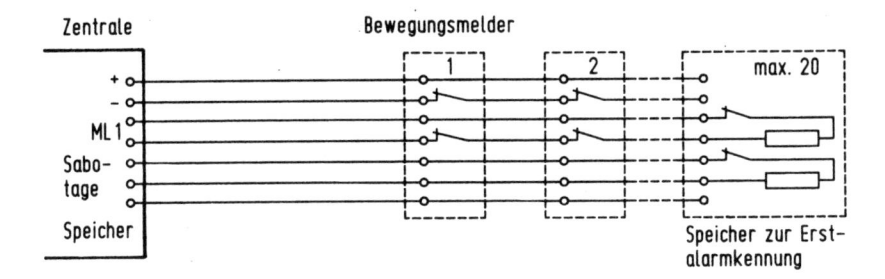

Bild 11.6 Verdrahtungsbeispiel für Bewegungsmelder

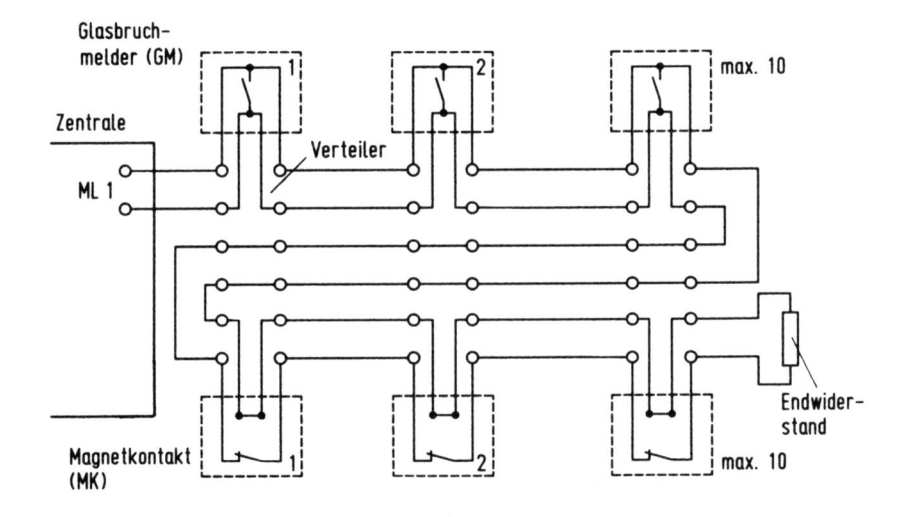

Bild 11.7 Kombinierte Verdrahtung von Glasbruchmeldern und Magnetkontakten lt. VdS

11 Planungs- und Anschlusshilfen

Symbole für Einbruchmeldeanlagen (EMA)

Symbol	Bezeichnung	Symbol	Bezeichnung	Symbol	Bezeichnung
■	Magnetkontakt (MK)		Ultraschall-Bewegungsmelder (UM)	Z	Zentrale (Z)
●	Öffnungskontakt (ÖK)	◁	Infrarot-Bewegungsmelder (IM)		Energieversorgung (EV)
	Vibrationskontakt (VK)		Mikrowellen-Bewegungsmelder (MM)	UE	Übertragungseinrichtung (ÜE)
↓	Pendelkontakt (PK)		Mikrowellenschranke (MS)		Telefonwählgerät (TWG)
	Fadenzugkontakt (FK)		Glasbruchmelder (GM)		Registriereinrichtung / Zeitschreiber (RE)
	Schließblechkontakt (SK)		Hochfrequenzschranke (HFS)		Akustischer Signalgeber (SA)
	Flächenschutz, Flächenüberwachung, z.B. Folie, Draht, Leiterplatten (FÜ)		Körperschallmelder (KS)		Optischer Signalgeber, z.B. Rundumkennleuchte, Blitzleuchte (SO)
	Alarmglas (ADG)		Kapazitiv-Feldänderungsmelder (KFM)	V	Verteiler (V)
	Druckmelder (z.B. Kontaktmatte) (DM)		Überfallmelder (ÜM)		Elektromagnetischer Türöffner
	Bildermelder (BM)		Lichtschranke (LS)		Tableau (TAB)
	Blockschloß (SM)		Geistige Schalteinrichtung (SG)		Schaltuhr

Bautechnische Symbole

Bezeichnung	Symbol	Bezeichnung	Symbol	Bezeichnung	Symbol
massive Wände	——	Fenster	⊢×⊣	Treppe	
Leichtbauwände	- - -	Tür		Aufzug	◯
Gitter	+ + + + +	Lichtkuppel	(X)	Geldschrank	G

Bild 11.8 Auflistung aller VdS-Normzeichen (Bezugsquelle: VdS Köln)

Sachverzeichnis

A
Abschlusswiderstände 61
Absicherungsmöglichkeiten 12
Aktiver Glasbruchsensor 34
Akustikmelder 35
Akustische Alarmierung 85
– Signalgeber 85
Alarmanlagenschärfung 60
Alarmierung, akustische 85
–, optische 87
Alarmierungseinrichtungen 85
Alarmdraht 23
Alarmfolien 23
Alarmtuch 54
Alarmzentralen 59
Altennotruf 90
Anschlusshilfen 125
Außenhautsicherung 12, 16
Außenüberwachung 12 f
Automatische Wählgeräte 88

B
Bedienteile 68
Beleuchtung 116
Beratungsstellen, polizeiliche 11
Bewegungsmelder 21, 36
Bildermelder 49
Bildteiler 110
Bildübertragungen 118
Bildüberwachungssystem 49
Blitzlampen 87
Blockschloss 71

C
Codic, Schärfen mit 77

D
Dachkuppelsicherung 21
Digitale Bildübertragungen 118

Druckschalter 18
Durchschneidesicherung 14

E
Elektronischer Zylinder 83
Energieversorgung 67
ES-Objektive 103
Europäische Sicherheits-Zertifizierungen 10

F
Fadenzugschalter 20
Farbvideotechnik 101
Feldänderungsmelder 48
Fenstersicherung mit Magnetkontakt 28
Flächenmelder 36
Funkalarmierung 90

G
Geldscheinkontakt 22
Glasbruchdetektor 35
Glasbruchmelder, passiv 31
Glasbruchsensor, aktiv 34
Glasbruchsicherung 24

H
High-Speed-Dom 109

I
IM 36
Impulsschärfung 74
Impulssperrelement 80
Infrarot-Bewegungsmelder 36
– -Lichtvorhang 44
– strahl 43
– strahler 116
Innenraumsicherung 17

K
Kabel 117

Kapazitive Feldänderungsmelder 48
Kartenleser 77
Kombinationsmelder 42
Körperschallmelder 46

L
Langzeitrekorder 111
Leitungen 117
Leitungsverlegung 123
Lichtschranke 43
Lichtvorhang 44
Lichtwellenleiter 118

M
Magnetkontakt, Fenstersicherung mit 28
Mikrowellenmelder 41
Miniüberwachungssystem 56
Monitore 98
Motorblockschloss 74

N
Notstromversorgung 61, 67
Nutzung des 230-V-Netzes 121
NY-Alarm 54
- - Alarmsensor 54

O
Objektive 102
Optische Alarmierung 87

P
Passiver Glasbruchmelder 31
Passiv-Infrarot-Bewegungsmelder 36
Pendelkontakt 22
Planungshilfen 125
Polizeiliche Beratungsstellen 11
Programmierung der Zentrale 61
Prüfinstitutionen 10

R
Reedkontakt 29
Regelobjektive 103
Riegelschaltkontakt 25
Riegelschaltschloss 69
Room-Scanning-Melder 54

S
Sabotage- und Überfallmeldelinien 60
Sachversicherer, Verband der 10
Schalteinrichtungen 59

Schärfen mit Codic 77
Schärfungsarten 60
Schutzgehäuse 105
Schwenk-Neigeköpfe 106
Sicherung von schweren Toren 30
Signalgeber, akustische 85
Sirenenalarm 61
Spannungsversorgung 67
Stösselkontakt 16, 26
Streckenmelder 36

T
Tretmatten 18
Türalarmgeräte 90
Türcodeeinrichtungen 76

U
Überwachung gegen Durchgriff 23
- - Durchstieg 23
Ultraschallmelder 39
Umschalter 115
US 39

V
VdS-Anerkennung 59
– GmbH 10
– -Prüfung 10
Verband der Sachversicherer 10
Verschlussüberwachung 25
Versicherungen 7, 11
Verteiler 122
Vibrationskontakt 52
Videokabel 117
Videokameras 94
Videomonitore 98
Videospeicher 111
Videotechnik, Einsatzmöglichkeiten 92
Vielfach-Bildschirmteiler 110
Voralarm 35
Vorfeldüberwachung 12 f
Vorhangmelder 37

W
Wählgeräte 88
Wetterschutzgehäuse 95

Z
Zaunüberwachungssystem 14
Zentrale 59
–, Programmierung der 61